·暢銷紀念版·

世界烈酒入門

暢銷紀念版

世界烈酒入門
DISTILLED

喬艾爾·哈里遜 Joel Harrison、尼爾·雷德利 Neil Ridley 著

味道筆記本 譯　鍾偉凱 審訂

目錄

推薦序

鍾偉凱／文

　　自 2002 年臺灣加入世界貿易組織，結束煙酒專賣制度以來，蘇格蘭威士忌始終佔據著臺灣進口烈酒市場的龍頭寶座。而臺灣大量消費蘇格蘭單一麥芽威士忌的獨特市場生態，更使小島臺灣得以成為蘇格蘭威士忌銷售金額前五大市場之一。

　　然而在蘇格蘭威士忌的搶眼表現之下，其他進口烈酒，甚至是其他地區生產的威士忌，都不免顯得黯淡無光。除了承襲蘇格蘭威士忌傳統，卻有獨特東方風情而廣獲國際好評的日本威士忌，能在架上奪得一席之地外，其他進口烈酒在酒類專賣店及酒吧中，大多只是聊備一格。

　　本書作者喬艾爾‧哈里遜與尼爾‧雷德利，在 2008 年設立威士忌評論網站 Caskstrength.net 時，本來也只是蘇格蘭威士忌的愛好者。而他們透過寫作、演說、舉辦品飲活動等方式推廣蘇格蘭威士忌的功績，早在 2013 年經蘇格蘭雙耳小酒杯執持者協會（The Keepers of the Quaich）選為成員肯定。

　　這美妙的蘇格蘭威士忌旅程，引領他們結識了世界各地的威士忌愛好者；而在世界各地尋訪新興威士忌，並出任國際葡萄酒暨烈酒競賽（International Wine & Spirit Competition）評審的同時，他們也深深著迷於琴酒、蘭姆酒，甚至艾碧斯等各具歷史、各領風騷的傳統烈酒。本書便是兩人在烈酒領域的首部心血結晶。

　　本書維持著兩人一貫輕鬆，卻飽含資訊的寫作風格。在兩百餘頁的篇幅中，他們除了介紹酒吧中常見烈酒的歷史、原

料、製程及其他基礎知識，也旁及原料、製程類似，但較不為
人所知的烈酒。就連好些在西方難得一見的傳統烈酒（如中式
白酒、日本燒酎及韓國燒酒），本書也不吝略加介紹。加上各章
最後附上在家也能輕鬆調製的簡易酒譜，兩位作者以此書引領
讀者進入烈酒世界的旺盛企圖心可見一斑；而對調酒更有興趣
的讀者們，也能在艾碧斯與苦精章節中得到不同收穫。

　　更難能可貴的，則是兩位作者在推薦產品的選擇上，並不
拘泥於大廠與主流品牌，使得本書得以反映當前國際烈酒市場
因規模小、原料／製程特殊、風味獨特的工藝酒廠興起，顯得
更為多樣的現況。兩位作者更不吝花費篇幅，讓這些工藝酒廠
的主事者在行家會客室單元中現身説法，暢談酒廠經營與製酒
心得。這些內容對於罕有接觸工藝酒廠產品及訊息機會的臺灣
地區讀者而言，無疑是極有價值的。

　　2015 年 4 月 1 日，喬艾爾 · 哈里遜與尼爾 · 雷德利宣布停
止更新 Caskstrength.net，轉而開設以各式烈酒為主題的新聞、
評論網站 WorldsBestSpirits.com。如果這兩位推廣蘇格蘭威士
忌功績卓著的專門人士，都願意轉身投入多采多姿的烈酒世
界，我們又為什麼非得在蘇格蘭威士忌原酒存量不足，價格飛
騰的當下畫地自限呢？

前言

歡迎來到蒸餾的世界

我們希望這本書能作為你攀登蒸餾酒高峰的雪巴嚮導、伏特加航程中掌舵的船長、共享白蘭地的酒伴,甚至雞尾酒小徑的健行領隊、威士忌的智庫,但這不是厚重的知識寶典、雅馬邑白蘭地年鑑或特基拉教科書,而是要引領你去探索現今市場上優質的烈酒,有些品項你可能沒聽過或喝過,卻絕對值得你竭盡所能地去探尋。

請把此書當作一本城市導覽——除了介紹職人／精品咖啡館和
麵包店，也會著眼在既有生產者中耐人尋味的產品。隨著烈酒
產業創意百發以及全球各地竄起的小型生產商，大廠們只能研
發新產品來迎戰，本書會著重介紹這些還不足以挑大梁的新秀
們，雖然它們目前還是鮮為人知的小眾，但是將來你可能會在
主流市場發現它們的蹤跡。

對我們兩個人來說，這趟通往烈酒世界的旅程極具啟發性，因
此在〈10 款必試〉單元中列出我們發掘到的珍寶，分享我們覺
得有趣而非「最好」的烈酒。不僅如此，每一章都有〈行家會
客室〉單元，介紹烈酒產業中個性格鮮明的行家，由他們來現
身說法，他們與烈酒之間引人入勝的故事會讓你想舉杯與他們
小酌一番。當真的要品嘗這些極致烈酒的時刻到來時，我們將
竭盡所能地指點你，確保你跟我們一樣從中獲得無上的享
受——從不能錯過的雞尾酒，到這些烈酒佳釀的基本技巧、風
習和品飲方式。

如何蒸餾

要把全世界所有烈酒的特性都概括於一本飲品小書中，還真有點挑戰性！所以，我們把焦點集中在多數品項齊全豐富的吧檯櫃必備的烈酒類型，同時在每個章節中，適時介紹與主要品項有類似製作過程或風味的其他款烈酒。

另外，我們整理出一份各種烈酒關鍵知識的簡表，提供理解的基礎。

烈酒知識
簡表

烈酒名稱	語源／ 發源地	顏色	主要生產國	全球 熱銷品牌	主要成分
某些烈酒有著相同的名稱，唯有拼音有些微不同，我們希望從歷史的角度來解釋這些分化的緣由。	萬物都有發源地，這是你理解這款烈酒的第一個停靠站。部分烈酒（如白蘭地與威士忌）甚至有多個自稱正統的產地，就讓我們靜觀其變。	這純粹是外觀上的指引方針。當然，每一種烈酒都有各自獨特的色澤或風格，特別是那些經過木桶熟成或陳放的。	一窺當今各式烈酒最炙手可熱的地區，從大量生產、強力行銷的大廠牌，到手工裝瓶的小廠都有。	我們當然會告訴你誰才是大咖。不過值得注意的是，受歡迎的品項不該因其普及度而遭排擠。	由歷史上哪個地區盛產哪些作物來定義。然而今非昔比，從風味及經濟觀點來看，無論是葡萄、穀物、馬鈴薯或梅子，基礎原料的種類對某些烈酒的表現有巨大的影響。

也許你無法認同我們選出的所有代表品項，或是覺得我們錯過了某些精彩的烈酒，但這正是互相交流激盪迷人之處！我們希望藉著閱讀本書啟發你走上屬於自己的烈酒旅途，甚至呼朋引伴一同徜徉其中。

正如我們的好友──調酒大師及烈酒探索同好兼威海指南針公司（Compass Box）的蘇格蘭威士忌專家──約翰・葛拉瑟（John Glaser）所説：「最重要的是，與人分享並享受其中！」

喬艾爾・哈里遜與尼爾・雷德利
寫於 2014

醉人的
飲用酒簡史

如同所有偉大的故事，蒸餾的歷史既神秘、令人神往又曖昧莫測！各個地區都在傳統技術上添瓦加磚，這些傳統的技法在全球各地仍沿用至今。

長生不老仙丹

要指出歷史上第一杯蒸餾酒被人當作社交（更別提醉人）飲品的確切時間點，幾乎是不可能的任務。（我懷疑喝的人隔天應該也記不得了！）從遠古埃及和中國的文獻看來，當時蒸餾的技術主要應用在從香草、香料和植物中提煉治病的藥物、丹藥及香水，並非用來生產酒精飲品。

儘管科技日新月異，數百年來生產烈酒的設備並沒有太大的改變，以壺式蒸餾器（pot still）為例，它那歷久彌新具代表性的外觀（第 18 頁）自古希臘時代沿用至今。中世紀前期採用一種叫作冷凍蒸餾法（freeze distillation）的技術，以冷凍的方法將酒精與水分分離，但是這種技術僅能在較寒冷的地區施行，產能也十分有限。

蒸餾技術的另一個好處就是，得以讓酒精飲品流通全世界卻不用擔心品質劣化的問題。蒸餾烈酒在歐洲消費市場盛行約莫是在十二世紀，當時白蘭地已經是供應量穩定的商品，而葡萄酒常被拿去作蒸餾處理，以便撐過漫長的越洋旅程。

隨著十四世紀黑死病肆虐歐洲，不少醫師利用蒸餾烈酒來抵禦疾病，就此奠定了烈酒的地位。在某個時期，錢幣上甚至會刻著拉丁文「aqua vitae」或蘇格蘭蓋爾特語「uisge beatha」，兩者的意思都是「生命之水」；穀類、水果和澱粉類作物逐漸被當作釀製烈酒的基本原料。從愛爾蘭的威士忌（包括玻丁威士忌 [1]）、荷蘭的琴酒、波蘭與俄國的伏特加，到德國的斯那普（schnapp）等蒸餾酒品，更多別具風味的烈酒前仆後繼，

1　編注：poitin 或 poteen，愛爾蘭私釀威士忌。

它們都表現出製作者和所使用的基底原料的個性特色。

烈酒不僅能在衝突的情境下強化身心，也被當作節慶時刻的社交潤滑媒介。不過在隨後的章節中，我們就會明白所謂的「過猶不及」——琴酒、艾碧斯（absinthe）等烈酒，曾被認為是造成社會動盪的原因。

蒸餾產業的蓬勃

擺脫製造技術上相對來說不穩定又低效率的因素，使烈酒的生產制度化與規範化的是什麼呢？答案是 1830 年申請的大英帝國專利第 5974 號，以及一名固執的愛爾蘭人艾尼爾斯·柯菲（Aeneas Coffey）。柯菲所設計的柱式蒸餾器（column still）將蒸餾技術提升到前所未有的水準（第 21 頁），讓飲品公司能夠穩定快速地大量生產烈酒，使得各種類型的大型蒸餾廠在全世界如雨後春筍般出現。

柱式蒸餾器之於銅製壺式蒸餾器（第 18 頁），就如汽車之於傳統馬車。諸如麥芽威士忌（malt whisky）、特基拉（tequila）、白蘭地等烈酒的生產核心，仍舊是較質樸的分批生產，而且極度仰賴由下方加熱有著天鵝頸般的典型壺式蒸餾器來發展獨特的風味。相形之下，柱式蒸餾器的連續性產能幾乎是無止盡的。真是蒸餾酒的歡樂美好時光啊。

開始沒落

進入二十世紀後，美國在 1920 年 1 月 16 日頒布了禁酒令，在蒸餾烈酒史上留下不可磨滅的印記。原本蓬勃繁榮的美國威士忌產業幾乎一夕之間跌入谷底，近百間蒸餾廠停止營業，光鮮的蒸餾器具被拆除，陳年中的烈酒一桶桶被傾倒。然而遭殃的不單是美國威士忌產業，蘭姆酒（rum）、琴酒以及愛爾蘭和蘇格蘭兩地的威士忌酒廠，都因失去美國這個大市場紛紛歇業。

但是很明顯地，對酒精的渴望並不會因法律禁令而消失。非法的製酒生意（威士忌、琴酒、伏特加、蘭姆酒及任何地下蒸餾商想染指的烈酒）背著美國政府當局繼續營生（通常在深夜進行，因而出現「moonshine」〔月光輝映〕這個暗喻私酒的詞），也造就了如艾爾・卡彭（Al Capone）這樣的黑幫富豪。由於品質不穩定，產出的私酒大多不宜飲用，有些甚至因為甲醇含量過多而會致命。

謝天謝地，禁酒令在 1933 年 12 月被廢除，但無論是美國國內或海外的蒸餾產業都已遍體鱗傷、一蹶不振，直到近年才又逐漸振興起來。

終章：工藝烈酒（craft spirit）

美國在過去十年間掀起了一波工藝蒸餾廠的風潮。無論是生產哪一種烈酒，這些酒廠背後的創立者及經營者都有志一同地希望，能在自家產品上表現獨特的個人風格。

為了支持工藝蒸餾商的權益與商業利益，精釀啤酒製造商及愛好者比爾・歐文（Bill Owens）在 2003 年成立了美國蒸餾協會（American Distilling Institute，簡稱 ADI）。根據 ADI 的資料，從 2004 年的六十四家到如今超過四百家，顯示美國蒸餾業正如火如荼地發展著。類似的情況也發生在中歐，獨立蒸餾廠、小農、小型啤酒廠及葡萄酒莊等，相繼購置小型銅製壺式蒸餾器或是微型柱式蒸餾器，來生產諸如琴酒、伏特加、威士忌和白蘭地等烈酒。

這一切也帶出一個關鍵的問題：工藝蒸餾廠的定義是什麼？目前並沒有絕對的答案。即便有像 ADI 這樣的組織在美國推動工藝烈酒定義的法規化，想要讓特定法規得到國際性認可的可能性實在不大，但是這也賦予了工藝／手工／小批次蒸餾在本質上那種不落俗套、無法預測的特質，以便守住它所必備的活力與獨立性。

要想成為被這本書揭露的逸品，無關規模、產品類型或是歷史背景；坦率、新穎、熱情、特出的風味及鮮明的個性，這些才是獲得門票的關鍵標準。蒸餾歷史上從未有某個時期如同現今一般，把上述特色都封裝入瓶。

↑形狀奇特的銅製壺式蒸餾器。銅是蒸餾所採用的金屬中最重要的，因為它對烈酒有澄清的效果。

何謂烈酒

行文至此，該是介紹一些科學的時候了。等等，先別急著走開！這跟在學校讀書不一樣，你不用抄筆記或戴上安全護目鏡，完全不用。別忘了，我們討論的可是酒，這比較像是⋯⋯自由自在的大學，而且是畢業後不用背負一身學貸的那種！

❋

烈酒（spirit）是指富含酒精的蒸餾飲品，通常酒精濃度（ABV）至少在 20％以上，而且不加甜味（僅白蘭地及蘭姆酒容許有甜味）。有些烈酒如威士忌，堅持酒精濃度至少要 40％，另有其他酒要求更高的酒精度，甚至高達 80％。然而，這重要的酒精是從何而來，又是如何生成的？

這一切都要靠我們的好朋友——酵母。正常情況下，當酵母和含有澱粉或糖的物質結合後，會產生酒精。這個過程被稱作厭氧呼吸作用（anaerobic respiration），或是我

❋

們更熟悉的名字——發酵。酵母會把糖分解成二氧化碳和酒精。到這裡為止，要記住的重點是：任何含有澱粉或糖分的基底原物料都能夠生成酒精。

不過，烈酒不只事關製造酒精的過程，釀造才是關鍵。釀造要更上一層樓才能成為飲品世界的博士——烈酒，而要取得這個殊榮，蒸餾是必經之路。

蒸餾的種類

簡單來說，蒸餾就是分離，特別是分離液體與蒸汽。全世界的實驗室都在把蒸餾應用在與你的生活密不可分的部分，像是淨化水源、純化香水和煉油。但若說到製作烈酒，最重要的就是將酒精從水中分離或者說解放出來。要達到這個目的，有幾種不同的作法。

首先是最傳統的方法，就是直接加熱釀造酒（第 16 ～ 18 頁）。水和酒精會同時蒸發，但是酒精較易揮發，因此比水更快凝結成冷凝液（冷凝作用的產物）。酒精在揮發時會擺脫部分水分，而我們需要把酒精收集起來，作法是移除酒精中的熱能，使其再度凝結成液體，這個過程就叫「冷凝作用」。

完成第一次蒸餾後，得出的液體可能還挾帶著水分，為了降低酒精當中的水分占比，通常會一再重複蒸餾。烈酒蒸餾的次數並沒有一定的規範，蘇格蘭單一麥芽威士忌採二次蒸餾，而伏特加通常蒸餾多達四或五次。

這種直接加熱的方式可分為壺式蒸餾及連續式蒸餾。

壺式蒸餾

使用壺式蒸餾器是比較傳統的蒸餾方法：基本上它就是個有瘦長頸部的銅壺，讓蒸發的酒精能夠經此冷卻凝結，並前往烈酒收集槽。

在蒸餾技術發展之初，蒸餾器多半體積小、便於攜帶又適用於農耕，提供農夫另一種處理作物的方式。時至今日，壺式蒸餾器多半是被固定安裝在世界各地的大型蒸餾廠中。舉例來說，格蘭利威（Glenlivet）單一麥芽蘇格蘭威士忌蒸餾廠的單一蒸餾器，容量就高達 15,500 公升，應該沒有人會想用曳引機拖著這個龐然大物四處移動吧。

即使某些壺式蒸餾器的容量很大，也有蒸餾廠繼續採用，但是產能絕對無法和「工業級」畫上等號。部分原因可歸咎於它的傳統本色，還有就是使用這種蒸餾器的蒸餾廠，皆採分批次的方式來生產烈酒，不過，壺式蒸餾跟它的後輩柱式／連續式蒸餾之間的對比，恐怕才是它被視為手工生產方式的主要原因。

連續式／柱式蒸餾

柱式蒸餾（又稱作「連續式」或「專利蒸餾器」，或以發明者命名的「科菲蒸餾器」）改良自先前的設計，於工業革命期間（1830

年註冊專利）發展完成。這種蒸餾器可以大量地將釀造酒製成酒精。

簡單地說，這種蒸餾器被設計成能夠連續多次重複加熱和冷凝，而不需要分批進行，因此可快速又不間斷地產出酒精，也因此稱為「連續式」蒸餾器。由於體積比壺式蒸餾器大得多，採用柱式蒸餾

↑科幻蒸餾器。某些柱式蒸餾器看起來就像朱爾・凡爾納[2]想像出來的東西。

器的蒸餾廠規模也相對龐大，舉例來說，蘇格蘭卡麥倫橋蒸餾廠（Cameronbridge Distillery）的柱式蒸餾器除了生產 1 億公升的穀物威士忌供某些世界知名調和式威士忌使用，還有 4 千萬公升的酒精供給多個熱銷伏特加及琴酒品牌。這是多麼驚人的產能！

壺式蒸餾器和柱式蒸餾器的差異顯而易見：跟猶如摩天大樓的柱式蒸餾器相比，銅製壺式蒸餾器不過是間小農舍。前者因為過於高聳，多半必須設置在廠區的戶外，外觀看來就像倫敦勞埃德保險社（Lloyd's of London）那幢大樓。

聊完加熱和抽離，讓我們稍微冷靜一下，來看比較少見的蒸餾方式：減壓／低溫蒸餾（vacuum/cold distillation）。

減壓／低溫蒸餾

既然我們說過這不是學校，而這也不是一本科學教科書，所以略過它背後的物理原理，只談優點——過程中毋需高溫加熱，也因此又稱「低溫蒸餾」，且利用真空狀態使酒精更容易汽化。因為不需要加熱，若生產的是需要在蒸餾過程中加味的烈酒，有可能因此得到較好的品質，因為減少了對細緻的草本烈酒的風味組成造成傷害的機會。

DIY 蒸餾，萬萬不可

這一切看似簡單，只需要加熱低酒精度的釀造酒，再冷凝其蒸氣。如果想在家裡自己試著蒸餾，注意囉！無照蒸餾在許多國家都是犯法的，不但很容易引起火災，稍有差池還會導致失明。至於是否會導致失明，全在於甲醇和乙醇這兩種酒精。

甲醇不是個好東西，就像遊樂區裡被警告不要跟他來往的孩子，或是樹上不該嘗試的禁果。說白了就是「能閃多遠是多遠！」至於乙醇，它是這場鍊金過程中的黃金，是我們想要保留下來的東西，而正是這種將好酒精與壞酒精分離的技術，讓蒸餾成為一門藝術。總之，千萬別擅自在家嘗試，或者先參考〈如何自製琴酒〉單元（第 38 頁）。你自己決定。

2　編注：Jule Verne，法國小説家，著有《海底兩萬里》、《地心歷險記》、《環遊世界八十天》等作品。

兩種多彩的個性
無色與深色

對專業的蒸餾廠來說，無論選擇採用哪一種蒸餾形式，產出的烈酒色澤都是澄清純淨的。但若是仔細觀察酒吧裡的烈酒，你會注意到某些烈酒是有顏色的。烈酒有兩種不同的種類：無色透明及深色。

無色烈酒（white spirit）泛指所有蒸餾完直接裝瓶的烈酒，琴酒和伏特加是最好的例子。

深色烈酒（dark spirit）則是指在木桶中熟成一段時間的烈酒。通常會使用橡木酒桶，偶爾也會採用栗木（chestnut wood）及櫻桃木（cherry wood）等其他木材的酒桶。而正是這個「熟成作用」，賦予了烈酒顏色和風味。熟成時間長短不一，決定的因素各有不同，從基酒的風格到木桶的大小，甚至是存酒倉庫裡的溫度和氣壓。

某些白蘭地或特定的威士忌熟成時間可能長達 30 或 40 年，其風味、複雜度及色澤隨著歲月日增。不過，若是把同樣的烈酒、同樣的木桶移到……印度好了，當酒桶在印度酣睡時，部分酒液會很快被蒸發掉。根據估計，炎熱氣候下熟成的原桶，每年會損失約 10% 的桶液（被暱稱為天使份額〔angels' share〕），反之，在較涼爽的氣候中，比如蘇格蘭，只會損失約 2% 左右。

不是數學家也算得出來，桶陳在印度的威士忌過不了多久就會完全蒸發掉，相較之下，在蘇格蘭的則可緩慢熟成很長一段時間。這不代表蘇格蘭威士忌比印度的好，而是風格不同，而這正是我們所樂見的：多樣化的烈酒，尚未遇到伯樂的千里馬，也是本書的旨趣所在。

如何
品試烈酒

本書深度報導的烈酒，都是由滿
腔熱情的獨立生產者或各界諳悉
風味及製作手法的佼佼者精心準
備。

無論是把這些烈酒當作睡前酒直
飲或調成雞尾酒，相信這些烈酒
生產者都抱持著樂觀開放的態
度。對他們來說，不管以任何方
式去享用他們的心血，於他們就
是已完成工作了。不過在把冰塊
加到平底杯或在你那杯曼哈頓裡
加入一大份烈酒前，熟知即將入
喉的烈酒風味特性是很重要的。

評比的三個步驟

我們在審視某支烈酒以
決定它在同類型產品中的地
位，以及它在某款雞尾酒或
與其他飲品一起調成長飲的
表現時，會有三個評比步驟。

第一步是研究它的氣
味。業界稱此為「nose」（聞
香），這個元素是你接觸烈酒
時最初始的風味感受。從杯
中飄逸出的氣味很重要，因
為第一印象會銘刻於心。在
這裡我們要提供你第一個小
秘訣：如果真的想認真研究烈
酒的香氣，買一個聞香杯
（nosing glass）吧。典型的
聞香杯是鬱金香型，香氣能
往上從收窄的杯口溢出，如
果沒有聞香杯，可用有類似
效果的笛型香檳杯替代。如
果連這個也沒有，那你的生
活就太無趣了。

第二步，倒出一份烈
酒，把酒杯平舉至距離鼻子
大約 2.5 公分處時，停！記
住，我們面對的是酒精濃度
至少 20％的烈酒，多數超過
40％，甚至是 60％、70％或
80％都有，無一不是強度破
表的烈酒。面對這樣的酒，
你最先聞到的香氣會是⋯⋯
乙醇。細膩的風味就藏在酒

精背後，因此如何釋放這些香氣就成了關鍵。總而言之，高強度烈酒就是這樣，如同大車需要一顆大引擎，充滿風味的烈酒通常要仰賴較高的酒精濃度來成就它的表現。

應對的方式有兩種。首先是個簡單的訣竅：從上方往下看，把杯口想成鐘面，離你最遠的前方是 12 點鐘方向，最靠近的是 6 點鐘方向。將杯子朝自己傾斜聞香時會發現，12 點鐘方向的酒精味比 6 點鐘方向較輕微，也較多香氣；反之，強烈的氣息都較接近杯底，常常因此掩蓋了真正的細緻香氣。其次，要柔化酒精度，只需要加點水；我們建議用無氣泡礦泉水，如果沒有，一般的開水也無妨。

在進行第三步驟之前，先讓我們借用欣賞電影的方式，來介紹聞香過程和品飲烈酒的概念。

1. 電影預告

嗅聞烈酒就像看電影預告片，它讓你對即將要經驗的事有點概念，但又不會劇透到讓你知道劇情發展和結局，只會決定它是否足夠勾起讓人想要品飲這杯烈酒的慾望；就像我們在電影院看預告片的反應：「嗯……不是我的菜，下一部！」

2. 電影本身

再來，辨別風味——實際入喉——就像到電影院觀賞電影。當你緩慢地啜飲烈酒，花點時間去探究風味，猶如觀看一部偉大的電影時，捫心自問：劇情鋪陳是否順暢？是否有明確表現出主要角色的個性？主角是否吸引你？如果是一瓶陳年威士忌或干邑（Cognac），它可能已經在桶中熟成數十年，等待一個裝瓶的好時機，千萬不要一口就乾掉，要細細品嘗，好好享用。既然你不會用快轉的方式看電影，就別用同樣的方式來對待你的烈酒。

3. 觀後深度討論

喝了不少，味蕾也得到充分潤澤後（如果你決定作筆記並持續寫品飲紀錄，歡迎之至），就來到第三階段，也就是所謂「餘韻」（the finish）。它跟烈酒入喉之後縈繞的風味有關，就像電影散場後跟朋友在酒吧的討論：喜歡嗎？是什麼風格？跟導演的其他作品一樣精彩嗎？你有沒有上網找最扣人心弦那一幕的分析？最重要的，你會想再來一口嗎？或者，再次借用電影來譬喻，你想二刷嗎？聞香、品飲、餘韻，是品鑑本書烈酒的神聖三位一體。對我們而言，本書相中的每一款烈酒都是奧斯卡得主等級，決非那種直接發行 DVD 的作品！

10

調酒櫃必備的
基本（無酒精）品項

1. 雪克杯

想要像龐德一樣帥氣，怎麼能沒有雪克杯！多數經典雞尾酒款都要仰賴雪克杯混合材料。千萬別太有自信，萬一沒正確地握住雪克杯，等中蓋飛出去，你家牆上就會多一幅傑克遜·波洛克[3]的畫作。調酒雪克杯主要有兩種：由尺寸相同的金屬杯和玻璃杯組成的波士頓雪克杯（Boston shaker），這種雪克杯需要用到單件式隔冰器；貌似紐約消防栓的三件式雪克杯（cobbler shaker）通常是金屬材質，分三部分——裝盛材料的大杯身、內建有隔冰器的中蓋，以及可以當作量酒器用的上蓋。

你是否曾經作客朋友家中時，想調製一杯需要搖盪的雞尾酒卻苦無雪克杯？其實可以利用任何有蓋子的容器來取代。派對上常見，不用任何調酒專業器具，僅以玻璃罐調製的威士忌酸酒（Whisky Sour）；專業調酒器具的存在不代表缺了它們就無法調酒，現在就挑些材料試試看吧。

2. 隔冰器

從名字就可以推敲出它的功用：若以搖盪法製作雞尾酒，將酒從雪克杯倒入酒杯時，會用隔冰器過濾多餘的冰塊或是水果、果皮等。三件式雪克杯本身即具有隔冰器。

3. 量酒器

很多雞尾酒酒譜會標明每種材料的分量，忠於材料之間的比例是很重要的，不過調酒既非實驗室也不是烘培坊，經驗豐富的調酒師甚至不用量酒器，直接將雞尾酒的液體材料「自由注酒」[4]。不過若是自己在家調酒，剛開始最好還是用量酒器來建構雞尾酒。此外，調酒既是藝術也是門科學，故調好後應該先用吸管試味道，視情況增加或減少某些成分。

4. 搗棒

這根讓人聯想到維多利亞時代傳統擀麵棍的棒子，主要的功用是搗碎像薄荷、香草和柑橘類水果等原料，讓香氣能夠在調製或搖製之前先釋放出來。

5. 糖漿

真美味！糖漿是用來增加甜度的必備基本材料，基本上就是融化的糖水，它之於調酒師就猶如鹽巴之於廚師。糖漿售價不貴（最常見的品牌是法國的 Monin，有薑餅或香草等多種口味，精品街上的咖啡店都會用它來製作各種調味咖啡），但它實在太容易製作，還可以用不同的糖來實驗。總之，只要用沸水溶解白糖即可，水只需要糖的

一半分量，冷卻後倒入乾淨的密封玻璃罐，存放在陰涼處可保存數週。若想要甜度更高的糖漿，不妨試著用德麥拉拉糖[5]來製作。

6. 吧匙

吧匙有很多種用途，最重要的就是替代雪克杯來調製飲品——對於不需搖盪的飲品，適度地攪拌就足以讓材料混合。將吧匙翻過來，從背面注入碳酸類或有氣泡的液體，除了能幫助杯中的材料混合，這種手法也是製作分層花式調酒的方式。

7. 苦精

苦精！它們實在太重要，以至於有一個專屬的章節。用它們為雞尾酒「增色」，添加一些有趣、不尋常的強烈風味（第212頁）。

8. 冰塊

多數調酒都需要冰鎮降溫，而冰塊就是最好的工具。製作調酒會用到一籃筐的冰塊：從事先冰鎮酒杯、搖盪時雪克杯裡的冰塊，到雞尾酒本身所需的冰塊，到這裡，一杯調酒已經用了三次冰塊，這可不是小冰庫或單一個IKEA製冰盒能應付的，噢不，你需要一堆製冰盒甚至專門的冰箱，才能裝下那些需要冰鎮的馬丁尼杯跟一袋袋的冰塊。超市就買得到冰塊，如果要大批購買，務必選擇用礦泉水製成的。如果想自製，就先去買大量製冰盒，再用礦泉水或煮沸的水製冰。如果膽子夠大，可以用冰淇淋桶來製冰，加上一把

冰鑿，夠你享受一整個晚上了！只是，邊喝酒精度不低的雞尾酒邊使用冰鑿，千萬要小心啊，畢竟你只有十根手指頭，對吧。

9. 削皮刀

許多調酒的製作都需要果皮（這裡要提醒一個黃金法則：檸檬是酸，萊姆是苦），或其他非食用、可食用的裝飾，此時你需要的就是削皮刀，一把基本款的即可。再次提醒，使用利器最好在三杯黃湯下肚前。有些經典雞尾酒如往日情懷（Old Fashioned）會用到櫻桃，你可以買罐裝的，但請避開那些死甜的劣質品。選用精心醃製的瑪拉斯奇諾櫻桃（maraschino cherry），或更上一層，用格里歐汀櫻桃（Griottines，用櫻桃白蘭地[6]浸漬的櫻桃），一小匙就能讓任何往日情懷瞬間升級。

10. 清潔布

乾淨的酒吧才會是快樂的酒吧，所以專業的清潔布或是一條好的吧台布是必備的。不妨在後口袋掛一條，看起來超級專業喔。

3　編注：Jackson Pollock，美國畫家，以其獨特的滴畫聞名。
4　編注：Free pour，指不用任何測量用具，直接從瓶子注入需要的分量到雪克杯或酒杯裡。
5　編注：Demerara sugar，一種不完全精製的粗粒淡色棕糖，源自舊稱德麥拉拉的圭亞那。
6　編注：參見第193頁。

GIN 琴酒

一場植物盛會

烈酒名稱	詞源 / 發源地	顏色	主要 生產國家	全球 熱銷品牌	主要成分
Gin。 一般認為這個字是從「juniper」或法文「genièvre」或荷蘭文「jenever」衍生而來。	荷蘭。 最初是在十六世紀末被當作藥物使用，到了十七世紀才成為大眾飲用的烈酒。	通常是無色的，某些經過浸泡或合成的琴酒會帶點色澤，至於十分稀少的桶陳琴酒，則會隨著時間加深酒色。	荷蘭、英國、美國、西班牙、印度、菲律賓、法國及德國。	— Ginebra San 　Miguel — Larios — Beefeater — Tanqueray — Seagram's — Gordon's — Gilbey's — Blue 　Richard — Gibson's	穀物蒸餾酒，偶爾也有採用葡萄蒸餾酒的。以浸漬或再餾的方式添以杜松子和各式香藥草及植物風味。

琴酒

一場植物盛會

琴酒是全球最受歡迎的烈酒之一，全世界有飲酒的國家都有它的蹤跡，從奈及利亞街頭的小袋裝琴酒，到每年熱銷 2 億瓶的金聖麥格（Ginebra San Miguel，產地菲律賓為其最大消費市場），可見琴酒市場之大。像高登（Gordon's）、英人牌（Beefeater）和坦奎瑞（Tanqueray）這樣歷史悠久的品牌，大約十九世紀就已存在，如今更是世界知名品牌，產品快速銷往全球各地。

品嘗琴酒的方法有很多，可以混合通寧水（tonic），也可攪拌入馬丁尼（Martini）。不過，琴酒這個讓全世界的人酩酊大醉的無色烈酒，到底是什麼？簡單地說，琴酒是一種蒸餾烈酒，添加了杜松子（juniper berry）以及其他植物或香藥草來調味。然而琴酒不是只有杜松可談，產地、生產技術、杜松和其他植物與香藥草的比例，甚至是如今採用的木桶熟成方法⋯⋯琴酒實在是有太多東西等著我們去探索了。

「LONDON DRY」
是種風格，而非產地

　　就讓我們從琴酒酒瓶上的「London Dry」（倫敦干型）開始講起。不同於蘇格蘭威士忌或是干邑，任何地方都可以生產倫敦干型琴酒，因為它是指琴酒的生產風格而非產地。在蒸餾或再餾（redistillation）時添加新鮮草本植物和杜松子的琴酒，就可以稱作「倫敦干型」，也被視為琴酒工藝的極致。

　　為什麼說「再餾」呢？因為多數琴酒酒廠並非從頭開始製作酒精或是烈酒。酒精的生產過程很繁複（第20頁），而成就琴酒最重要的，在於各家蒸餾廠的獨門配方。

　　傳統上，倫敦干型琴酒是把含有草本植物和杜松子的混料，一起放入銅製壺式蒸餾器蒸餾。當烈酒向上蒸發時，會把橙皮、甘草、桂皮、可可豆或任何其他添加材料的風味一起帶走。

　　完成蒸餾後，除了會剩下大量液體，還有留在蒸餾器底部的草本植物，這些植物通常另有他用，倫敦市酒廠（City of London Distillery，簡稱 COLD）的首席製酒師就會把這些植物送到當地啤酒廠，他們會把這些植物混入穀物基底（mash bill，指用以釀造或蒸餾的原料混和物）裡，用來釀製一款就叫作「Gin」的夏季愛爾啤酒。

　　並非所有倫敦干型琴酒都會把草本植物混料放入壺式蒸餾器的煮沸槽，以龐貝琴酒（Bombay Sapphire）為例，草本植物被裝在籃子裡懸掛於蒸餾器上部，讓蒸汽通過。一般認為，這樣會製作出風味較清香的琴酒，但仍屬於倫敦干型琴酒的等級。

琴酒新面孔

　　現在我們知道，只要蒸餾過程中加入草本植物混料，任何地方都能生產倫敦干型琴酒，不過也有琴酒是在蒸餾後才添加的。格蘭父子公司（William Grant & Sons）在1999年創立的亨利爵士琴酒（Hendrick's）是市場上的新面孔，出自蘇格蘭格拉斯哥南方的格文酒廠（Girvan Distillery）。這支琴酒擁有某種獨特的風味，包括來自它著名的主要原料——小黃瓜和玫瑰花瓣——的香味，但由於是在初次蒸餾後才加入，因此亨利爵士琴酒無法使用「倫敦干型」的名號。

←早期琴酒是跨越階級、宗教甚至年齡隔閡的烈酒。

→為了檢測品質，倫敦的希普史密斯蒸餾廠會個別蒸餾植物原料。

木桶陳放琴酒

琴酒屬無色烈酒，酒液無色透明，不過有業者在嘗試以木桶來陳放琴酒。以木桶陳放威士忌和白蘭地已行之有年，藉此可讓木頭賦予酒液風味，而某些特基拉則被允許在橡木桶中「休息」（第73頁）。木桶陳年的琴酒原本在消費市場上十分罕見，直到大廠英人牌於2013年率先推出，其他桶陳琴酒廠還包括FEW烈酒（FEW Spirits）及康尼留斯·安普非斯教授[1]。木桶陳放確實替傳統以杜松為基礎的琴酒增添不同的風味，但是千萬注意，長時間熟成也會扼殺琴酒細緻的香氣。

關於荷蘭的勇氣[2]

儘管已經是全球知名的飲品，由於琴酒瓶上的「倫敦干型」標示（第34頁），人們總是把它跟倫敦聯想在一起，其實琴酒之於英國，和中國茶一樣，是在十七世紀才首度從歐洲進口到英國。

琴酒的故事始於十七世紀初期的荷蘭共和國，當時有一種杜松口味的烈酒被當作利尿劑使用。在有人想到把它跟通寧水和冰塊調和或配上一片小黃瓜之前，荷蘭人早已建造了蒸餾廠來生產杜松風味的烈酒，也孕育了一個至今仍知名的品牌——波士（Bols）。根據記載，波士創建於1575年的阿姆斯特丹，產品至今仍行銷全球，是史上最長壽的蒸餾飲品品牌；波士被歸類為genever或jenever[3]酒的一種，而不是我們熟知的gin，其顯赫的背景與現今充斥酒架上的年輕琴酒品牌，簡直是天南地北。

琴酒傳到倫敦成為人們隨後熟知的樣貌，要歸功於英國軍隊。大批英國軍隊在十六世紀晚期進往歐洲駐紮，這些軍隊在卅年戰爭（Thrity Years War，1618～48）中成為荷蘭的盟友，英國部隊因而發現並愛上這種風味迷人的非比尋常烈酒。

當時軍人在開戰前習慣喝這種杜松風味烈酒壯膽，進而衍生出「荷蘭的勇氣」這個詞，現在仍意指做某件事情前需要一些鼓勵和勇氣。我們發現，截止日期會比一口乾掉的烈酒更能激勵你繼續前進，也相信閣下應該有其他更好的方法，但是對於當時那些可憐的人們，另一個選擇只有喪命刺刀下，再

怎樣啜飲一杯都是更好的選項。

　　戰後軍隊將他們的杜康帶回英國，直到十七世紀晚期一個荷蘭人登上英王寶座，急欲討好這位荷蘭君主的貴族們開始飲用這種來自國王家鄉的烈酒，再加上生產容易，這種飲品很快就在英國占有一席之地。

　　英國議會在 1690 年通過了推波助瀾的蒸餾法案（Distilling Act），降低了蒸餾的門檻，將這股琴酒風潮推上頂峰，到了 1694 年，任何人只要在生產前十天於廠區外張貼公告，即可進行蒸餾，就是這麼簡單！智囊團、行銷團隊通通免了，也沒什麼邊銷售邊改良這回事，完全就是左手製酒右手賣出。

1　審注：Professor Cornelius Ampleforth。2016 年更名為艾柏弗斯（Ableforth's）。
2　編注：Dutch Courage，有藉酒壯膽之意。
3　譯注：前者為 Gin 原文，後為荷蘭語「琴酒」之意。

←琴酒已非昔日粗鄙烈酒，而是以精密的科學方法所製成。

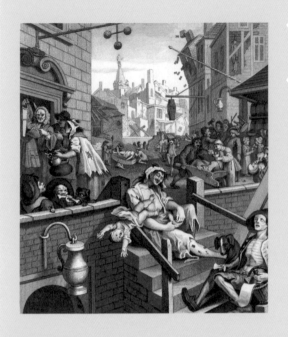

萬劫不復與母親的終結者

　　由於自製劣質琴酒在十八世紀前期帶來的社會問題，出現了像是「母親的終結者」[4]或是「日內瓦夫人」（Madame Geneva）這樣帶有貶義的暱稱。當時琴酒價格跌到比啤酒跟愛爾還便宜，讓它更為普及，尤其受到窮人的歡迎。據估計，當時每年喝掉的琴酒約有 4 千萬公升，相當於成年市民每人一年喝掉 90 瓶！

　　到了 1751 年，琴酒成為當時最著名藝術作品——威廉·霍嘉斯（William Hogarth）的《琴酒巷》（Gin Lane，上圖）——的主題。這幅畫描繪的是當時倫敦街角的一景，居民遭疾病肆虐，生活在髒亂、飢餓及死亡的陰影中。霍嘉斯以此畫與另一幅《啤酒巷》（Beer Street）對比，後者畫中的男女愉悅又歡樂，且生機勃勃。

5

個琴酒小知識

1. 無論用了多少種植物，最主要的風味都必須是杜松。
2. 倫敦干型琴酒並非限定於倫敦生產。
3. 任何琴酒品牌裡確切的植物配方，通常都是僅有少數人知道的傳世秘密。
4. 菲律賓是琴酒最大的消費市場。
5. 威廉·霍嘉斯 1751 年受委託的畫作《琴酒巷》是一幅充滿揶揄、諷刺的宣傳畫，據說委託人是當時倫敦慘澹經營的啤酒廠。

如何自製琴酒

　　另外一種生產琴酒的方法，是把杜松子直接浸泡在高濃度酒精中，這個過程稱為合成（compounding），如果你所在的國家或州的法律允許，這是可以在家自製琴酒的一種方式。你只需要自己的獨家配方：杜松以及其他植物、香藥草、辛香料和中性烈酒[5]（大量生產的伏特加是個不錯的選擇）。

　　一旦確認你要用的植物是可食用、不會致命（又不是在演《阿拉斯加之死》[6]），把它們放進窄口大玻璃瓶中，充分浸泡之後再取出來。浸泡時間長短端看個人，總之要密切地用你的眼、鼻、舌去觀察浸泡中的酒

走向全球的琴酒

隨著時間過去，出現了幾個如今家喻戶曉的琴酒品牌：高登、普利茅斯（Plymouth）、坦奎瑞和英人牌。這些大型蒸餾廠能夠穩定持續地生產高品質的琴酒，並且出口到全球，在諸如美國這樣的地區建立主要市場，時至今日仍商機勃勃。

張開雙臂歡迎琴酒的並非只有倫敦，其他國家像是西班牙、菲律賓（全球最大琴酒品牌金聖麥格的故鄉），也開始大量消費琴酒。

簡單地和通寧水調和，或是跟一注不甜威末苦艾酒（vermouth）一起倒入馬丁尼杯中，琴酒是許多簡單美味調酒飲品的基酒。從東南亞的新加坡司令（Singapore Sling）到源自義大利的內格羅尼（Negroni），甚至較剛烈的龐德版馬丁尼——薇絲朋（第61頁）；自調酒文化於十九世紀新興以來，琴酒便在其中建立起關鍵的地位，至今仍屹立不搖。

琴通寧[7]一開始研發出來是為了對抗熱帶地區的瘧疾，尤其是在大英帝國擴張殖民的地區，譬如印度，然而這款雞尾酒高居不下的人氣連同調酒的風行，使琴酒的魅力歷久不衰。

源自歐洲，育於倫敦，琴酒現正要出發前去征服世界。如今琴酒正經歷某種復興——從義大利到蘇格蘭的艾雷島，全球各地都有新興琴酒出現。倫敦仍舊是琴酒重鎮，雖然原本

↑蠟封瓶口跟經典款琴酒一樣，近年來都越發普及。

只剩下英人牌蒸餾廠一家生產商，後來陸續又加入了倫敦市酒廠、希普史密斯（Sipsmith）、倫敦蒸餾公司（The London Distillery Company），以及泰晤士酒廠（Thames Distiller）。不過，英人牌旗下產品數量，仍然輕易就超越上述的幾家廠商。

琴酒已經證明了自己經得起時間的考驗，而且目前看來似乎勢不可擋。

液，因為不需要太久時間。就這樣！你完成了自製琴酒。或許賣相不是太好，可能帶點奇怪的顏色，還……浮著一些植物殘渣，不過管他的，這可是你自製的琴酒！

接著用電腦設計自己專屬的酒標，酒精濃度就跟當作基酒的濃度一樣，然後印出標籤，貼在乾淨的瓶子或果醬罐上。用咖啡濾紙過濾琴酒裝瓶後，密封蓋好放入冰箱冷藏，隨時拿出來調製琴酒馬丁尼（見第40頁的酒譜）招待朋友。總之，千萬千萬不要稀釋！在歐洲，酒精濃度要37.5％才能稱得上是琴酒，在美國則需要40％以上。

4　編注：Mother's ruin，許多婦女也飲用琴酒，因此疏於照顧孩子及家務。

5　編注：Neutral spirit，相對合成的蒸餾酒而言。

6　編注：*Into the Wild*，改編自強·克拉庫爾（Jon Krakauer）1997 年的同名著作。

7　編注：Gin and Tonic，由琴酒及通寧水調製成的雞尾酒。

琴酒馬丁尼的美味指南

—

Gin Martini

值得慶幸的是，調製這杯精巧的雞尾酒所需要的原料跟準備工作都很簡單，更棒的是，馬丁尼最能展現出琴酒真正的個性了。三號倫敦干型琴酒（No.3 London Dry Gin）永遠是我們的首選，它沒有那些故作姿態的香料，整體以杜松為核心，佐以小豆蔻（cardamon）、檸檬皮以及些微辛香氣息。

1.

將馬丁尼杯以及所選琴酒置於冰箱，由於琴酒的酒精濃度很高，毋需擔心會結凍，反而低溫能夠讓它展現出糖漿般的迷人質地。預冷杯子跟琴酒代表你的朋友即將品嘗到的，是前所未有的美味。

2.

差不多要端出飲料了。先用一點不甜威末苦艾酒把酒杯內壁洗過一圈，再倒入至少50ml（2份）冰鎮過的琴酒。你也可以先把琴酒跟苦艾酒混合後，加入冰塊攪拌，再注入事先冰鎮過的馬丁尼杯。反正千萬不要用搖盪的，那還是留給龐德就好了。

3.

放上幾顆橄欖來增添油潤感，或是跟我們一樣，一條清新的檸檬皮捲。

4.

最後，一定要有計程車叫車電話！相信我，若是提供了超過一杯以上給你的賓客喝，一定會用得上。

關於通寧水
口袋名單的四大天王

相信你我都有過相同的經驗：接近傍晚的午後，拋開工作，湛藍依舊的天空襯著
熾熱的陽光，灼得大地一片炙熱滾燙⋯⋯

躺在一片滿是太陽氣息的草地上，膝上蓋著書，腳邊散著今天報紙的，正是你。當你望著這片光景，突然渴望來點沁涼有勁的玩意兒，此時能夠合你所需的飲品，正是一杯琴通寧。

本書除了希望幫助你更瞭解烈酒，也提供主流大廠牌之外的更多選擇。不過，說到琴通寧，就像是約翰・藍儂和保羅・麥卡尼那樣緊密的夥伴關係。琴酒和通寧水分別是很出色的品項，但結合在一起更是令人驚豔的完美。

既然是夥伴關係，當你想要調琴通寧時，就不能只想著要用哪一款琴酒，一定要把通寧水的風格和成品整體呈現考慮進去。有多少次你把沒喝完的通寧水冰回冰箱，它的勁道和神采都消磨殆盡，只能調製平庸無趣的次級品？如果這種情況似曾相識，不妨考慮以下建議：拋開常買的一公升裝，改買小罐裝或小瓶裝的；如此一來，除了能不斷地享用年輕有活力的通寧水，也不用再聽放了一週再開瓶時令人沮喪的漏氣聲。

讓我們回頭聊聊關於通寧水的品質。過去十年通寧水的市場蓬勃發展，讓全球消費者除了舊有的品項，還有更多優質通寧水的選擇，琴通寧也是如此。在此介紹幾款值得去找尋的通寧水品牌，它們最能表現這款經典調酒：

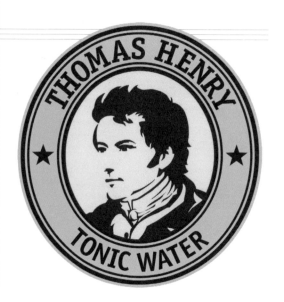

← 悶熱難耐？多虧湯瑪士・亨利（Thomas Henry）發明了碳酸飲料。

梵提曼 FENTIMANS

梵提曼含奎寧粉和來自亞洲
的香茅，蔗糖提供甜味，賦
予這款通寧水較天然的風味。

1724

來自奎寧發源地的安地斯
山脈（準確來說是 1,724
公尺），是一款陽剛的木質
系通寧水，適合跟濃烈、
強勁的琴酒調和出風味醇
厚的飲品。

通寧水
的四大天王

芬味樹

有別於主流品牌，芬味樹
大幅降低了甜度，利用天
然成分帶來的銳利澀味，
賦予你的琴通寧純粹正統
的風味。

湯瑪士亨利
THOMAS HENRY

如同芬味樹，這款通寧水
含有奎寧的天然苦味，是
風味強勁、不妥協的通寧
水。

草本植物與其特性

製作琴酒時，關鍵是以植物為媒介添加風味，不過，要怎麼做才能夠讓它不至於變成杜松果汁，又怎麼知道哪些植物會賦予我們在尋找的風味？所有琴酒蒸餾商都有各自不外傳的秘方，有些可能是自家後花園的香藥草和辛香料，有些則是來自遙遠的彼方。

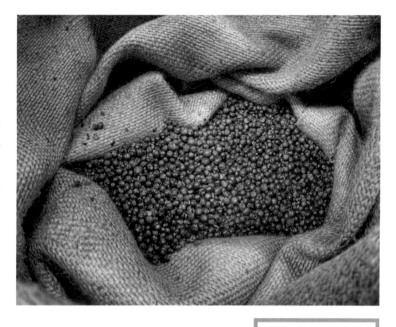

↑ 所有琴酒的核心和靈魂──杜松子。

杜松，帶刺的那種

　　杜松這個關鍵成分，是個古怪的小惡魔。它只有天然野生的，無法人工種植，因而成了琴酒蒸餾商最無法掌握的變因。杜松子以義大利托斯卡尼產為大宗，當地人在約莫十月時採收杜松樹叢──以木棍敲擊滿是銳刺的樹枝，收集落掉的漿果。收成的過程是一場硬戰，因為每一根樹枝上頭同時生長著三個年份的果實，意味著如果敲打樹枝的力道過大，就會打落還在生長的明年甚至是後年的果實，而如果直接截斷樹枝，不但會失去整段分枝，明年的漿果也沒了。沒有漿果就沒有琴酒，應該沒人想聽到這個惡耗吧。

　　每一批杜松子的香氣特性都不同，英人牌蒸餾廠每年都從500批杜松子中品試，最後僅挑選5批使用。

　　至於其他琴酒生產中使用的重要植物配方，請參考下一頁的琴酒植物風味圖。

琴酒草本植物風味圖

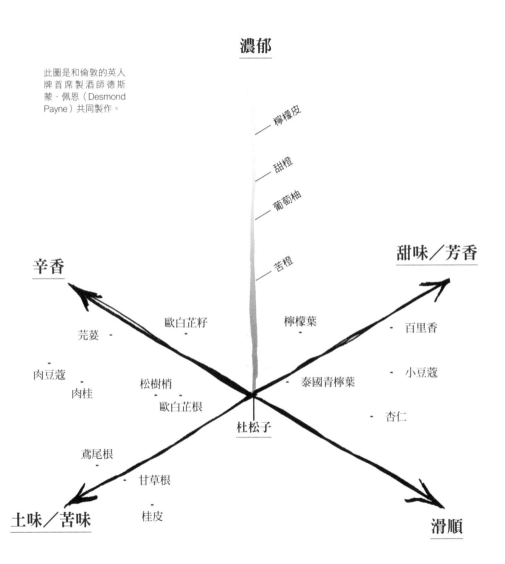

此圖是和倫敦的英人牌首席製酒師德斯蒙·佩恩（Desmond Payne）共同製作。

濃郁

檸檬皮

甜橙

葡萄柚

苦橙

辛香

甜味／芳香

歐白芷籽

檸檬葉

芫荽

百里香

肉豆蔻

小豆蔻

肉桂

松樹梢

泰國青檸葉

歐白芷根

杏仁

杜松子

鳶尾根

甘草根

土味／苦味

桂皮

滑順

行家會客室

›› 伊恩·哈特（Ian Hart）

倫敦海格（Highgate）｜神聖酒廠（Sacred Distillery）

伊恩·哈特所生產的琴酒別具一格，他的微型蒸
餾廠也十分特別，居然就在北倫敦海格區自宅的
餐廳裡！想必哈特家時刻都適合暢飲一口琴酒吧。

蒸餾廠名字的由來是⋯⋯？

「神聖琴酒（Sacred Gin）和倫敦干型伏特加（London Dry Vodka）是我們的代表商品，裡頭都含有微量的頂級乳香，而乳香的拉丁文是『Boswellia sacra』。這是為了向早期的倫敦干型琴酒致意，當時因為杜松產量不是那麼充足，會把松樹或橡木等木材混充杜松，不過乳香的樹脂氣息也讓杜松更趨完美。」

可否簡短說明與其他蒸餾廠不同的生產方式？

「每一種有機的植物配方，包括整顆新鮮的柑橘類水果，都分別浸泡在酒精濃度 50% 的英國小麥中性烈酒（English wheat spirit），杜絕所有空氣接觸 4 至 6 週的時間，如此漫長的時間讓材料各自的特性得以保留住。不過，有別於傳統壺式蒸餾，這些植物是置於真空的玻璃容器中進行。減壓蒸餾意味著玻璃容器中的空氣會被幫浦抽光，使容器內部的壓力下降，蒸餾得以在比壺式蒸餾（攝氏 85 至 95 度）還低的溫度（攝氏 35 至 45 度）下進行。由於減壓蒸餾的溫度比傳統壺式蒸餾低非常多，蒸餾液會比較鮮嫩、豐潤，就像高溫熬製的果醬跟新鮮切片水果的差異。接

下來要混合草本蒸餾液，裝瓶成鮮亮、口感近乎綿密、有著完美平衡獨樹一格的神聖琴酒。」

你製作新式烈酒的核心理念是什麼？

「我們有 70 至 80 種不同的植物原酒可供實驗，我們永遠都在嘗試，但是真正上市的，都是能配合既有商品的。比如在已有神聖琴酒跟神聖香料英國威末苦艾酒（Sacred Spiced English Vermouth）的情況下，如果我們生產一款英國版的金巴利（Campari），就可以調製一杯神聖內格羅尼[7]了！結果就是，我們研發出神聖玫瑰果杯（Sacred Rosehip Cup），完全使用天然素材且無人工色素，比金巴利更滿溢水果香氣，卻較無苦味，可調製出迷人的內格羅尼。」

成立蒸餾廠後最大的發現是什麼？

「用過的小豆蔻莢和八角是很棒的花床護根物！」

酒廠的下一步是⋯⋯？

「循序漸進地增加產能。我們在海格的房子還有許多空間，還不到要搬家的程度。」

請以三個（英文）字形容神聖琴酒。

「傑出的自製烈酒（Brillantly homemade spirit）。」

8　譯注：Negroni，一款以琴酒、甜威末苦艾酒和金巴利調製的雞尾酒。

10 款必試琴酒

特色鮮明的草本植物賦予每一款琴酒獨特、高辨識度的香氣 DNA，當今的琴酒市場已成為香氣競逐之地。儘管許多知名品牌使用「倫敦干型」的標識，但是並沒有法律規定產地一定要在倫敦，加上工藝琴酒蒸餾廠的狂潮正席捲中歐和北美，從澳洲到赫布利底群島[9]，不難發現琴酒已成為一門顯學。

»Plymouth Gin
41.2% | 英國・普利茅斯

這是受到法律保護的法定產區琴酒，如同法國的香檳、義大利的帕瑪森火腿，以及英國的梅爾頓莫布雷豬肉餡餅。黑修士酒廠（Black Friars Distillery）自 1793 年起便生產這款酒，是杜松風味厚實的典型琴酒，帶有土壤、木質系植物味，以及清新的柑橘類前味。

»Few American Barrel Aged Gin
46.5% | 美國・芝加哥

芝加哥一家極小型蒸餾廠小批次生產的酒款。有別於以中性烈酒為基底的其他蒸餾廠，FEW 使用的是風味飽滿的自製穀物烈酒，生產出倫敦干型的琴酒後，再於美國橡木新桶和舊桶中熟成。

每批的產量僅約 120 瓶，散發柳橙、檸檬和百里香的氣息，以及最重要的杜松子調性。

»Monkey 47 Schwarzwald Dry Gin
47% | 德國

儘管每批產量極小，卻極受歡迎。這款產自德國黑森林的酒如其名，採用包括蔓越莓及雲杉芽的 47 種草本植物。不管能否分辨出所有草本植物，我們都十分欣賞它雖然複雜卻完美融合，絲毫不會掩蓋杜松風味核心的表現。

»Gin Mare Meditarranean Gin
42.7% | 西班牙

採用大批地中海的植物，是鹹香型（savoury）琴酒的先驅之一。強勁的迷迭香／橄欖鹹味加上鋭

利的檸檬皮氣息，與入喉後感受到的小豆蔻、迷迭香和芬芳的香氣完美平衡。這款大膽的琴酒能調製出風味十足又獨特的馬丁尼。

» Sipsmith London Dry Gin
41.6%｜英國・倫敦

希普史密斯不但是引領倫敦新興微型蒸餾廠風潮的先鋒，其造型優美別名審慎（Prudence）的銅製壺式蒸餾器，仍舊生產著純粹、乾淨、強調杜松的經典琴酒。前味是分明的花香甜味，接著是香料／柑橘的香氣，最後是大量柳橙及木質辛香味的豐郁綿密尾韻。

»Sacred Gin
40%｜英國・倫敦

伊恩・哈特把蒸餾廠就設在位於北倫敦海格區的自家廚房中，用看起來很科幻的玻璃蒸餾器進行真空蒸餾。這款酒混合了 12 種植物：杜松、柳橙、萊姆、檸檬皮、小豆蔻，以及不尋常的乳香。它非常乾爽，有著土壤味跟溫暖的辛香料氣息，明顯的乳香賦予它鮮明又與眾不同的個性。

»Beefeater Burrough's Reserve Rested Oak Gin
43%｜英國・倫敦

英人牌算得上是倫敦最具代表性的琴酒。蒸餾大師（Master Distiller）德斯蒙・佩恩有琴酒教父之稱，他就像旺卡 [10] 一樣在蒸餾廠裡研發新產品。近期的產品是在麗葉威末苦艾酒（Lillet Vermouth）桶中熟成，基底烈酒來自僅 268 公升容量（對任何蒸餾廠、精品專賣店來説都算小）的蒸餾器。這款琴酒帶點辛香料、香草、甘

草及椰子的氣息。

»The Botanist Islay Dry Gin
46%｜蘇格蘭・艾雷島

因單一麥芽泥煤威士忌聞名的艾雷島布萊迪酒廠（Bruichladdich Distillery）買了一座琴酒蒸餾器，取名為醜女貝蒂（Ugly Betty），用來生產這款複雜度極高的琴酒。蒸餾的 31 種植物中，有 22 種採自當地，像是香楊梅（myrtle）、石楠（heather）、荊豆花（gorse flower）等，賦予這款酒顯著的花香氣息，襯著典型的乾爽杜松調，和入喉後獨特的綿密感。

»The West Winds Gin The Cutlass
50%｜澳洲

身為傳統烈酒初生之犢的澳洲威士忌能夠橫掃全球各大獎項，想必澳洲人應該也能生產傑出的小批次琴酒吧！採用西澳當地的風味，像是灌木番茄（bush tomato）、金合歡籽（wattle seed），這款產自鄰近柏斯瑪格麗特河區域的琴酒，口感飽滿且稍帶鹹味，底韻則是微妙細緻的杜松。

»No.3 London Dry Gin
46%｜荷蘭

座落在梅費爾區聖詹姆士街 3 號的貝瑞兄弟與路德（Berry Bros & Rudd），是倫敦最古老的酒商，這支酒就是專為他們調配的。它呈現出琴酒的簡約與傳統，是向琴酒發源地荷蘭的致意。整體以杜松為重，伴隨著濃郁的小豆蔻香氣及些微檸檬皮香，極簡又有勁道，非常適合調製頂級馬丁尼，是我們心目中絕對的經典。

9　譯注：Hebridean islands，位於蘇格蘭外海。
10　編注：《巧克力冒險工廠》（Charlie and the Chocolate Factory）中，古怪的巧克力工廠主人威利・旺卡（Willy Wonka）。

VODKA 伏特加

完美的調酒基酒

烈酒名稱	詞源 / 發源地	顏色	主要 生產國家	全球 熱銷品牌	主要成分
Vodka。 波蘭文 「wódka」，俄文 「водка」。	俄羅斯和波蘭都 宣稱早在第八或 九世紀就開始生 產伏特加。	清澈透明。	伏特加帶 （Vodka Belt） 涵蓋了俄羅斯、 烏克蘭、白俄羅 斯、北歐地區及 波蘭，通常也包 括德國北部及部 分東歐地區，加 上生產知名品牌 思美洛的美國與 英國。	— Smirnoff — Absolut — Belenkaya — Pyat Ozer — Krupnik — Grey Goose	傳統的伏特加必 須是以馬鈴薯、 穀物及糖蜜製 成，但在伏特加 戰爭及隨後的 「施內爾哈特協 議」之後，若是 以其他原料製 成，就必須明確 標示在酒標上。

babička

ORIGINAL
WORMWOOD
VODKA

Premium Czech Vodka
Distilled with Artemisia Absinthium
40% alc
700ml

伏特加
完美的調酒基酒

聊到蒸餾飲品，許多人的初體驗都是伏特加。作為完美的調酒基酒，伏特加通常被用來替飲料增添勁道：在可樂、蘋果汁或薑汁汽水裡加一份伏特加，不過是探索烈酒這幢摩天大樓的開始而已。

伏特加是種純粹的烈酒，優質的伏特加更是用途廣泛，無論是直接一口吞下或緩飲細品的調酒，都可以跟伏特加水乳交融。它可以浸泡其他素材或調味，拿去蒸餾一次、兩次或無數次都行，說它是所有蒸餾飲品當中彈性最大、可塑性最高的也不為過。

源自東歐，現於世界各地都有製造的伏特加，是許多雞尾酒的好夥伴，全球銷售數字即為最好的證明。有加味烈酒（如琴酒）及浸漬伏特加隨侍在側，伏特加已經準備好從東歐總部出發，毫無畏懼地殺入戰場，在飲品王國中攻城掠地。從品牌來看，在最前方搖旗吶喊的隊伍是思美洛（Smirnoff），全球年銷量超過 2,400 萬箱，是全球銷量排名第二的烈酒品牌。

純淨與個性

　　那些惡意中傷伏特加的，通常都是經過熟成的深色烈酒或風味強勁的蒸餾飲品擁護者。究竟為何如此普及的烈酒會在酒業飽受抨擊，答案很簡單，就是「純粹」。

　　若論伏特加最單純的形式，就是蒸餾的烈酒；提高伏特加的純度在近年來蔚為風潮，酒類專家普遍認為，這麼做會導致伏特加缺乏個性及風味，事實上，正是這種純粹或無瑕，既是伏特加的優勢（全能性）也是劣勢（缺乏強烈的風味）。

　　隨著極度純淨伏特加酒款一同興起的，還有許多小型酒廠生產的創新改良酒款，包括以水柔化伏特加，以及更加重視原料，這類創新讓諸如詩洛珂（Cîroc）這樣的品牌得以在市場上立足（第 56 頁），他們宣稱以葡萄作為原料，並且經過五次蒸餾。

　　這種創新為伏特加開啟了全新的領域，讓某些品牌得以推出前所未見的頂級版高價伏特加。儘管「純淨度」是正面的行銷訴求，實際上蒸餾、純化的次數越多，被剝去的個性和風味也越多，因此在本書中，我們尋找的是那些能夠同時呈現個性和故事的品牌及酒款。

↓ 一口乾盡伏特加，是許多人的烈酒初體驗。

純粹蒸餾

↑ 澄澈、帶勁、純粹：當今的一線伏特加酒都是在精心規畫、設計的廠房中生產。

　　伏特加是市場上製程最簡單的烈酒之一。不像蘇格蘭單一麥芽威士忌或特基拉（前者必須以大麥麥芽所釀造的啤酒來蒸餾，後者則是以藍色龍舌蘭製成），任何農作物釀造的酒液都可以拿來蒸餾成伏特加：小麥或其他穀物、馬鈴薯，甚至起司（第 65 頁）都可以。一旦完成蒸餾，就會立即裝瓶成未經熟成的純淨無色烈酒。然而，並非所有未經熟成的高度純化烈酒都能稱作伏特加，其中的差別關鍵就在於，伏特加是真正的「純烈酒」。

　　這種純烈酒係由萃取出的澱粉和糖分轉化為酒精而成。以馬鈴薯為例，就跟穀物的發酵過程一樣，先要把隱藏在馬鈴薯中的大量澱粉洗出。曾經把馬鈴薯煮過頭的人都知道，煮馬鈴薯的水會變得糊糊灰灰的，對於料理，這或許不是理想的結果，卻正是製作伏特加不可或缺的。

　　一旦洗出馬鈴薯的澱粉，開始發酵之後，剩下要做的就是蒸餾，並將伏特加純化到想要的程度——可以是極為乾淨爽冽，或是留下部分基礎原料的風味。

追溯伏特加源頭

　　有些烈酒要追本溯源很容易，比如蘇格蘭的蘇格蘭威士忌、加勒比海的蘭姆酒，或是葡萄牙的波特酒，許多烈酒與民族起源密不可分，而另一些則是有明確的起源點。

　　幾個世紀以來伏特加都被公認為最純淨的烈酒，但是這個銷售遍布全球飲品的源頭及歷史意義至今依舊撲朔迷離。雖然伏特加確切的源頭仍然成謎，卻在多個東歐國家過去幾百年的歷史文化中，具有高度的象徵地位：它不但是許多神話的重要元素，還形成政治衝突的核心，甚至讓全世界不知多少特務酒後吐真言。

　　如今，伏特加在所有烈酒銷量中占了大約 20%，是全球市占率最高的烈酒。

　　要從全球觀點來詳述伏特加的歷史是很累人的過程，因此我們聚焦在眾所周知的「伏特加帶」（Vodka Belt），也就是跨越歐洲東北到斯堪地那維亞半島農業國家的產區上。

伏特加戰爭揭露的事

　　近期關於伏特加正統性的爭議吵上了歐盟法庭兩次，正好凸顯出這種烈酒在過去幾世紀的關鍵議題。

　　一開始的爭議，是關於誰有權利宣稱自己是發源國。當蘇聯和波蘭在七〇年代各自引述歷史文獻來支持自己的正統性，爭奪在酒標上標示「伏特加」的專屬權，事情至此進入白熱化。這場紛爭最終以和局作收——雖然雙方都提出具說服力的證據，卻沒有任何法規成為定論。

　　二十年後，由於歐盟委員會針對不同伏特加種類提出法案，使得伏特加帶的成員國群起主張，只有以馬鈴薯、穀物、糖蜜為原料製作的烈酒，才有資格冠上「伏特加」的名號。引發這次口水大戰的是名為詩洛珂的新品牌，它以葡萄為原料，製作出與傳統伏特加迥然不同、更甜更滑順的伏特加。

　　在伏特加生產初期的八、九世紀，蒸餾出的烈酒通常都粗糙不純淨，聞起來氣味不佳，更遑論味道。為了改善這些不討喜的特性，通常會浸入香藥草來調味，做成比較可口的藥用酊劑。

　　到了十六世紀末，根據可用的收成，以不同穀物和馬鈴薯製成的伏特加已經是東歐地區廣泛飲用的飲品。現今常見以單一穀物來生產伏特加，在過去則是使用多種基底原料。傳統認為，與使用較昂貴的小麥或黑麥的基底相比，用馬鈴薯和甜菜組成的基底雖然便宜，品質也比較差。

　　詩洛珂就是因此而引發爭議。伏特加帶

←焦點人物：波蘭的馬鈴薯農夫。

↑時刻都有新式伏特加（通常有加味）及新品牌出現，比如法國的詩洛珂。

成員國認為，這款烈酒不應與他們的產品一樣標示為「伏特加」，因為它的原料是葡萄，而不是由穀物、糖蜜或馬鈴薯蒸餾而成！由於其他伏特加生產國希望能夠放寬伏特加的定義規範，德國政治家霍斯特・施內爾哈特（Horst Schnellhardt）提出了一個妥協的解決方式：凡不是以馬鈴薯、穀物、糖蜜這三種原料製成的伏特加，必須在酒標上註明「○○製成的伏特加」。

因此「施內爾哈特協議」（Schnellhardt Compromise）的重要性在於，此後全球各地消費者能明辨所購買的伏特加的血統，更重要的是，藉此傳遞伏特加知識給消費鍊當中最重要的人——你。

伏特加

—

對調酒的貢獻

風味就是雞尾酒的一切！如果你從來沒有調過雞尾酒，別擔心，只需要找一些可口的軟性飲料調入微量酒精即可。最佳的代表就是——潘趣（punch）。

潘趣

· · · · · · · · · · · · · · · ·

許多雞尾酒，特別是那些裝盛在淺碟香檳杯或馬丁尼杯的，常被高高舉起欣賞著，就像安在基座上供人敬仰的藝術作品。另一方面，潘趣則是像雞尾酒營火，把大夥兒熱絡地聚在一塊兒，替話題增溫，是絕佳的社交場合潤滑劑。此外，它也是替烈酒櫃大掃除的好方法！相信你的酒櫃深處總有幾瓶一時衝動購入或朋友搞不清楚狀況送的禮物。沒關係，只要有最重要的材料——伏特加，這些都可以拿來調製潘趣！

伏特加賦予潘趣酒精勁道，是任何一種美味潘趣的骨幹，還可以像膠布一樣，將不同口味的果汁及酒精飲品調和起來，進而調配出你的專屬夜晚特調。

調製美味潘趣的規則很簡單：
* 從櫥櫃中隨意地挑選一瓶烈酒。
* 加入果汁、冰塊、柳橙片、蘋果、草莓或任何當季水果。邊加邊試味道，如果覺得哪裡不夠，就追加冰塊和果汁。
* 倒入伏特加。
* 如果外頭很冷，別忘了加熱你的潘趣。

然後，美味療癒的酒精飲料就大功告成啦！

經典雙人組：騾子及馬丁尼

The Mule & the Martini

伏特加早已是多款經典雞尾酒的基酒，比如在琴酒的章節中我們提過的馬丁尼，雖然因為作者的偏好，講的是琴酒版的，但是用伏特加也完全沒問題喔。另外，在小說及同名電影《皇家夜總會》（*Casino Royale*）中，伊恩·佛萊明（Ian Fleming）筆下的龐德自創了以琴酒和伏特加為基酒的硬漢版（調酒師完成後，龐德才說用穀物釀製的伏特加會比較好），並且以隨後出現的女主角名字命名為「薇絲朋」。薇絲朋的調酒比例是：三份琴酒（高登琴酒）、一份伏特加，以及半份的基納麗葉開胃酒（Kina Lillet，應該是目前最佳的以葡萄酒為基底的開胃酒，用來增加些微甜味）。以三種酒品調製而成的這款重砲級雞尾酒，讓這位英國特務隨時都能整裝待發執行任務。

騾子（The Mule，左圖）是一種以薑汁啤酒為主要材料的雞尾酒。在騾子系列調酒中，就屬莫斯科騾子（Moscow Mule）最為人知；從字面上大概能猜到，它是以薑汁啤酒、兩份伏特加及新鮮萊姆調製，盛在裝了冰塊的高杯中飲用。這款輕鬆又簡單的雞尾酒在炎炎夏日特別受歡迎，除此之外，它也是進入伏特加世界的敲門磚。

行家會客室

» 丹 · 艾克洛德（**Dan Aykroyd**）

加拿大紐芬蘭（Newfoundland）｜水晶骷髏頭伏特加（Crystal Head Vodka）

從抓鬼專家[1]到烈酒生產商，加拿大裔知名演員
丹·艾克洛德於 2008 年推出了自己的伏特加品
牌，獨特的酒瓶設計靈感來自馬雅的阿茲提克水
晶骷髏頭。如同丹透露的，這款伏特加喝起來令
人驚嘆……

水晶骷髏設計的緣由？

「我之所以會成為烈酒生產者，肇因於在藝術家友人約翰·亞歷山大家中度過的寒冷冬夜。當時我們正聊著葡萄酒、特基拉、蘭姆酒、伏特加以及其他的酒類；我們都很喜歡富蘭葛利（Frangelico）的酒瓶（仿傳教士的外型設計，腰際上還繞著一條白繩），所以當約翰提議頭骨外型的瓶子時，我非常贊同，沒想到他居然只花了兩分鐘就畫出設計圖。這顆以馬雅／阿茲提克／納瓦霍為靈感發想的頭顱，已經銷售超過 200 萬瓶了！」

你認為自己是伏特加行家還是狂熱分子？

「我是狂熱分子。我們確實學到劣質伏特加是怎麼做出來的，但水晶骷髏的品質絕對有保證，因為我們不用那些傳統的添加物，像是乙二醇、柑橘油和粗糖[2] 這些亂七八糟的東西，怎麼能加到我們神秘超凡的伏特加裡！」

你看起來是愛喝馬丁尼的人，那麼，丹·艾克洛德最推薦的水晶骷髏雞尾酒是……？

「其實我最愛用冰過的一口杯直接喝，或是用威士忌杯純飲冰鎮的無酒精馬丁尼[3]。」

難題來了。你希望別人記得你是魔鬼剋星，還是優質超凡烈酒品牌的創辦人？

「抓鬼專家的形象會比較持久，不過水晶骷髏頭伏特加會是比《魔鬼剋星》更有人氣的商品。」

請以三個（英文）字來描述你目前的心境。

「墨水（ink）、分子（molecules）、紙（paper）。」

1　編注：艾克洛德曾在電影《魔鬼剋星》（*Ghostbusters*）中扮演抓鬼專家。
2　編注：Raw sugar，是甘蔗經過處理後的產物，可用來提取糖蜜及精煉成糖，風味類似黑糖。
3　審注：Virgin Martini，由冰水和裝飾用的橄欖或檸檬皮組成。

10款必試
伏特加

伏特加是相當有意思的烈酒，時常蒸餾到毫無風味可言的地步，可以跟瓶裝水並稱為商品行銷的兩個絕佳案例。不過並非所有伏特加都是一個樣，我們在這裡看到的不單只是成功的行銷案例（有人想嘗嘗起司伏特加嗎？）更是瓶子裡的風味。

»Chase Smoked English Oak Vodka
40% | 英國·禧福郡（Herefordshire）

賣掉洋芋片品牌 Tyrrells 後，創立品牌的 Chase 家族在自家農場蓋起了蒸餾廠，為原本用來製作洋芋片的大量馬鈴薯找到最佳的出路。威廉·蔡斯（William Chase）專注生產以馬鈴薯為原料，乾淨、爽冽的伏特加，這款煙燻版的美妙煙燻味來自英國橡木，比起伏特加，風味上更偏向梅茲卡爾酒（第74頁）。

»Potocki Vodka
40% | 波蘭

有這樣的歷史及傳承，這款酒完全不需要任何行銷加持──最早的原始生產檢驗文件可追溯到西元1784年，堪稱最具歷史的蒸餾廠之一。如今酒廠以裸麥為原料，於玻摩斯萬索（Polmos Łańcut）蒸餾廠經二次蒸餾後，為了保留風味勁道和它經典的土壤調尾韻，稍微過濾即裝瓶。是一款不但有深厚的歷史，品質及穩定性也上乘的必試酒款。

»Crystal Head Vodka
40% | 加拿大

由喜劇泰斗丹·艾克洛德打造的伏特加，其獨吸睛的酒瓶設計不僅伏特加圈，連烈酒業界都為之驚艷！瓶身由布魯尼玻璃（Bruni Glass）在義大利精心打造，酒液則經四次蒸餾後滲過雙尖水晶（或稱赫基蒙鑽石〔Herkimer diamonds〕），隱隱的礦石味為這款純淨的伏特加添加深度。

»Reyka Vodka
40% | 冰島

雷克（Reyka）是冰島第一座生產伏特加的酒廠，以小麥及大麥為原料，用珍稀的傳統銅製馬車頭蒸餾器進行小批次（890公升）生產。酒廠位於冰島西南端的波加內斯（Borgarnes），是以生產威士忌聞名的格蘭父子公司在 2005 年所創建。裝瓶前會經當地的火山熔岩濾過，酒液芳香又輕盈且微帶香草氣息。

»Black Cow Pure Milk Vodka
40% | 英國·多塞特郡（Dorset）

多塞特郡的乳酪生產者（沒錯，是乳酪）傑森·鮑伯（Jason Barber）為了生產獲獎肯定的頂級乳酪，將當地乳牛牛奶分離成酪蛋白和乳清，前者被拿來製作起司，那乳清到哪去了？他用一種特別的酵母把乳清發酵成牛奶啤酒後，再蒸餾成伏特加！此酒口感綿密又清甜，格外讓人溫暖。哞～有錯，俄羅斯！英國酪農殺過來了。

»Vestal Kaszebe Vodka
40% | 波蘭

憑藉父親在葡萄酒產業的多年資歷，約翰和威廉·博雷富（John & William Borrell）父子檔於波蘭創立了維斯塔酒廠，他們鑽研年份及風土，試圖勾勒出不同地區、生長環境的各種馬鈴薯品種對風味的影響。這款伏特加正是以 Kaszebe 地區的 Vineta 馬鈴薯蒸餾而成，另外還有一款以穀物為原料的版本。

»Sipsmith Barley Vodka
40% | 英國·倫敦

希普史密斯公司 2009 年於西倫敦成立了一個小型據點，和英人牌一樣，是倫敦城內少數（事實上是兩個世紀以來的第一家）採用銅製壺式蒸餾器的酒廠。這款大麥伏特加廣受好評，以容量 300 公升的審慎蒸餾器蒸餾，再以泰晤士河源頭之一的泉水稀釋後裝瓶，帶有香料堅果風味，是伏特加中的英倫玫瑰。

»Hanson Of Sonoma Organic Vodka
40% | 美國·加州

來自美國的新品牌 Hanson 跟詩洛珂一樣，生產以葡萄為原料的伏特加。這個家族經營的蒸餾廠位於加州知名葡萄酒鄉，小批次生產不同風味的酒款，像是小黃瓜、葡萄、橘子等口味。酒液純淨帶果香，口感滑順飽滿。

»Pur Vodka
40% | 加拿大·魁北克

鄰近俄羅斯的加拿大，讓人直接聯想到絕對不是伏特加，而是楓糖漿和拱廊之火[4]，然而精釀風潮興起後，微型蒸餾廠紛紛於知名的大型威士忌蒸餾廠周遭冒出頭。製作這款伏特加用的水源來自魁北克北方，經當地花崗石自然過濾，是風味爽冽怡人的伏特加新貴，絕對值得酒迷們尋覓。

»Purity Vodka
40% | 瑞典

瑞典眾多伏特加品牌中，最知名的可說是絕對（Absolut），而「晶鑽」（Purity）則被視為瑞典甚至全球頂尖伏特加之一。瑞典南部的埃林根堡酒廠（Ellinge Castle Distillery），首席調酒師托馬斯·庫達南（Thomas Kuuttanen）將作為原料的小麥及大麥精心調配後，以金、銅材質的蒸餾器進行多達 34 次的蒸餾，成就這款口感滑順油潤充滿礦石風味的伏特加，絕對不能錯過！

4　譯注：Arcade Fire，加拿大獨立搖滾樂團。

TEQUILA 特基拉

種類繁多的龍舌蘭大家長

烈酒名稱	詞源 / 發源地	顏色	主要 生產國家	全球 熱銷品牌	主要成分
Tequila。 名稱源自墨西哥大城瓜達拉哈拉西北方的小鎮特基拉（Tequila）。	墨西哥。 儘管阿茲提克人可能在更早以前就以龍舌蘭製酒，根據文獻，首先在十六世紀中葉用龍舌蘭釀出初始特基拉的，卻是西班牙征服者。	特基拉的品類繁多，從外觀清澈且未陳年的白色特基拉，到淡金黃色的陳年特基拉，及澄金色的陳年特基拉。某些特級陳年特基拉的顏色會更加金黃馥郁。	墨西哥。 五個可合法釀造特基拉的州：哈利斯科、瓜納華托部分地區、塔茅利帕斯、密卻肯，及納雅里特。	— Jose Cuervo — Olmeca — Sauza — Cabo Wabo — Don Julio — Petron — Pepe Lopez — Herradura	首先將龍舌蘭（一種墨西哥原生的多肉植物）加以烹煮，煮出的汁液放入銅或不鏽鋼蒸餾器中發酵及蒸餾。有些等級的特基拉隨後會置入橡木桶中陳年。

特基拉

種類繁多的龍舌蘭大家長

一杯、兩杯、三杯特基拉……倒地！

原諒我忍不住喊出這句話來，你可能在一些寬鬆褪色的 T 恤上看過這句話，這些人真不該這樣大剌剌地用服飾來公開自己的飲酒習慣。不過既然你都已經讀到這兒了（已經很多頁了呢），我們也就不避諱地跟你坦白吧：在不久之前，特基拉對我們兩個來說，還被視作是「那個不能說出名字的酒」。我的意思是，幾乎每個成年人在生命的某個時期都曾縱情沉溺於某種烈酒，造成日後（甚至是數十年後）只要稍微聞到味道，都會讓人血脈賁張、脾胃翻騰。不過本書的宗旨即是希望你從錯誤中學習，發掘有關烈酒具教育涵養及知識的那一面。我們很幸運在幾年前遇見一位紳士酒保，他徹底治好了我們狂飲這種墨西哥代表性烈酒的脫序行為。我們學到一件事：門可以用力甩，特基拉可別大力灌。

←在橡木桶中溫和地陳年這個過程，對於輕熟和陳年特基拉而言至關重要。

↘切割龍舌蘭心：龍舌蘭烹煮、發酵、蒸餾前的準備工作。

重新審視的時候

特基拉是一種千變萬化的酒類，不管是以品酒杯細細啜飲，或是調成鹹味的雞尾酒血腥瑪麗，都能感受那滑順芬芳的層次。從某方面來講，大眾一直以來都對它持有偏見，認為它不過是嗆辣暖身的一口酒，只適合配著萊姆片及一小撮鹽一飲而盡。但這可不是本書要講的，親愛的，絕對不是。

梅茲卡爾（mezcal）是特基拉備受誤解的好兄弟（稍後會在第 74 頁解釋他倆的淵源），如果給它表現的機會，它的變化性與活躍度絕對不輸給某些擁有最多風味變化的單一麥芽威士忌。某種程度上，梅茲卡爾的名聲甚至比特基拉還糟，它是親朋好友從墨西哥玩回來會捎上的經典伴手禮，瓶底還泡著一條不速之客——被泡在酒裡的龍舌蘭蟲（其實是毛毛蟲），或更糟，只是植物園常見的多足生物。除了讓烈酒變得沒人敢喝以外（老實說，額外的蛋白質說不定還能給這些平淡的酒添點風味），我們對這種酒就只剩下悲慘、受冷落的印象，僅在派對無酒可喝的時候才會登場。

然而值得慶幸的是，特基拉及梅茲卡爾都在過去幾年重振旗鼓，古老的製酒工藝猶如一瓶在世代間傳承的佳釀，終於從墨西哥遙不可及的農場，抵達世界各地頂級烈酒零售商的酒架上。

特級特基拉

從葡萄到穀類，從水果到蔬菜，幾乎每個產烈酒的國家都仰賴產量最大的作物，而

對墨西哥來說，就是長相類似仙人掌及蘆薈的龍舌蘭屬植物了，它們是製作特基拉及梅茲卡爾的命脈，也是不可或缺的原料。

不過，我們對這種傳奇的多肉植物有什麼瞭解呢？首先要澄清一個常見的誤會，它跟仙人掌毫無瓜葛，儘管兩者都有凶惡的尖銳葉子和突刺，卻非同屬。光是有紀錄的龍舌蘭屬植物就超過二百種，但只有藍色龍舌蘭（blue agave）能被用來製造特基拉，是唯一法定原料品種。

藍色龍舌蘭是龍舌蘭中的特級品，原生地是特基拉主要產區哈利斯科，糖分含量高，利於在蒸餾過程中提取酒精，其汁液（aguamiel，意為「蜂蜜水」）因而極受蒸餾廠青睞，會以高價徵收。不過，為了取得頂級特基拉所需的優質藍色龍舌蘭，蒸餾廠需要付出的除了高昂的金錢，還必須在田裡忙活 10 到 12 年直到植株完全成熟，也只有到了這個時候，這些墨西哥農人才能收穫這群珍貴的作物，開始煞費苦心的製酒工作。

直搗核心

墨西哥龍舌蘭烈酒的歷史可以追溯到

十六世紀，但早在一千多年前，龍舌蘭便與阿茲提克人的生活方式密不可分，深具象徵意義及儀式性。龍舌蘭的含水量高，阿茲提克人會從龍舌蘭心（piña）[1] 萃取出甜液發酵，製作成稱作「pulgue」的微酸混濁酒精類飲料。這種飲料是宗教慶典或獻祭時的神聖飲品，大祭司用它祭拜龍舌蘭女神瑪雅胡兒（Mayabuel），因為他們相信，龍舌蘭的蜜汁是神祇的鮮血。

西班牙征服者於 1521 年駐紮墨西哥時，帶去大量的白蘭地。當白蘭地喝光了，便運用他們的蒸餾技術將 pulque 變成另一種烈酒，最初始的龍舌蘭蒸餾酒便誕生了，不過這時的酒還既粗陋又辣口。後來西班牙人藉由直接處理龍舌蘭，改良了製酒過程。他們以文火烹煮龍舌蘭心，藉此分解大分子量澱粉，釋放天然甜味，接著再將龍舌蘭心碾碎，經自然發酵後放在簡單的陶瓷器中蒸餾。

「Tequila」這個名字來自哈里斯科州瓜達拉哈拉附近的鎮名，因為當地的火山土質而盛產珍貴的藍色龍舌蘭。如今特基拉就像干邑或蘋果白蘭地（Calvodos）一樣，是受保護的產業。隨著特基拉的人氣上升，老牌酒廠再度欣欣向榮，瀟灑（Sauza）和金快活（Cuervo，1758 年建立了第一個特許酒廠）就是率先將酒出口到境外的其中兩家。

---

[1] 編注：西班牙文「鳳梨」之意，因龍舌蘭心形似鳳梨，故取其名。

商業生產與傳統釀造

如今多數大型公司都已捨棄傳統方式，改以現代化、生產線式的製程來生產特基拉。實際上，市面上多數特基拉都不是用百分之百藍色龍舌蘭製造的。這類被稱為混製酒（mixtos）的特基拉會在蒸餾前，加入最多49%的其他糖分來源，不僅純度較低，味道也較不討喜，不過仍有小型蒸餾廠堅守純樸又耗時的工法，生產優質的成品。

龍舌蘭心仍然是以人工採摘和處理，送入烤爐慢慢蒸烤長達4天之久，以便軟化厚實的龍舌蘭心。舉例來說，未處理前的龍舌蘭心平均重約60至70公斤，而每7公斤的龍舌蘭才能製造1公升純度百分之百的特基拉。

高度商業化的結果不但縮短製程，且降低了勞力密集度。大型蒸氣壓力鍋取代了傳統石窯，更快產出成果（有時只要烹煮約6小時）。然而許多堅持傳統工藝的生產者深信，萃取珍貴的糖分需要慢慢來，加快過程會讓苦味滲入「mosto」——蒸餾前的發酵龍舌蘭液——中，製造出來的特基拉味道也沒那麼好。

軟化的龍舌蘭心接著會經過輪狀石磨的碾壓並切碎後，盛入無蓋大型發酵桶中；傳統作法是使用大型石刻的磨坊石磨[2]，這在從前是由驢子拉著，慢慢地將龍舌蘭碾壓成漿液。接著在發酵桶中加入酵母、一些水及mosto，如此經過數日（3到10天，視溫度和天氣狀況而定）發酵，濾出的酒液酒精度通常在5%左右。再接著用銅製壺式蒸餾器

蒸餾兩次（有些酒廠會蒸三次），或用容量較大也較有效率的柱式蒸餾器，就能夠收集到酒精度 40% 上下的清澈烈酒了。

　　到了這個階段，這種烈酒才真正進入自成一格的境界。不同於另成一格的威士忌新酒，法律並未規定特基拉新酒需要經過陳放。製造特基拉的關鍵在於盡可能保留龍舌蘭的天然風味，方能創造出圓潤、獨特的烈酒。若為了純度而多次蒸餾，只會扼殺它寶貴的風味。

特基拉的類型

　　白色龍舌蘭（blanco）在這個階段就會被裝瓶，以便保存其新鮮、潔淨的特色，輕熟特基拉（reposado）和陳年特基拉（añejo）則會放入橡木桶中陳年，主要採用的是美國波本桶以及法國橡木桶。桶陳除了使味道圓潤、增添色澤，也會因使用的木頭材質為酒液增添額外的風味。輕熟特基拉僅放在桶中「靜置」2 至 12 個月，只有增添一丁點風味（就像將茶包快速地浸一下水），陳年特基拉則至少要陳放 1 年，通常會在桶中熟成最多 3 年的時間。特級陳年特基拉（extra-añejos）要至少熟成 3 年以上，酒桶木質開始對整體風味產生微妙的影響：混入香草味的辛香調、帶收斂感的橡木味，偶爾也會帶有波特酒或葡萄酒的風味。

　　對味道的感受因人而異。雖然特級陳年特基拉提供層次更豐富的口味，較受其他深色烈酒（如威士忌、干邑、雅馬邑或蘭姆酒）愛好者的青睞，它們卻逐漸喪失最初的優點：純龍舌蘭帶來的爽冽、帶胡椒感且幾近鹹鮮的調性。但值得高興的是，這也讓特基拉成為多樣化的烈酒，可以有不同喝法及用於不同場合（參見第 80 頁，瞭解我們建議的飲用方法）。

←傳統的磨坊石磨，用來碾碎烹煮過而軟化的龍舌蘭心。

↗昭告產地的特基拉酒瓶。

2　　譯注：Tahona wheel，別稱「智利磨臼」的輪狀石磨。

MEZCAL 梅茲卡爾

特基拉內斂卻超值的兄弟

特基拉在國際上廣受歡迎是無庸置疑的。走進世界上任何一家酒吧，架子上肯定都有一瓶特基拉，正準備用其獨特的墨西哥魅力擄獲你的心。特基拉是迷人、風度翩翩的烈酒，踩著雀躍的步履享受生命之樂，直至夜深時分。

反觀梅茲卡爾，就是截然不同的個性了。它純樸而傳統，雖然不如時髦的特基拉那樣有文化意識，然而如果有機會瞭解它，你就會察覺它不為人知的深度。梅茲卡爾可能寧願晚上待在家裡看書，不過一旦開始聊天，你就會驚訝於它的內涵。

那麼，梅茲卡爾為何被特基拉搶盡風采呢？技術上來說，特基拉其實是梅茲卡爾的一種，兩者的製作方法同樣源於可以追溯到十六世紀的傳統。就好像有些法國白蘭地會以「干邑」和「雅馬邑」之名為人所識，墨西哥在 1994 年立法訂出特基拉的特定產區，其中產量最高的集中在北部哈里斯科地區的瓜達拉拉週邊；梅茲卡爾的產區則集中在南方，圍繞在瓦哈卡州（Oaxaca）附近。兩種酒都使用龍舌蘭作為基礎原料（關於梅茲卡爾所用的龍舌蘭細節，請見第 78 頁），但就口味而言，可以說梅茲卡爾的風味更寬廣、複雜，然而數十年來它卻備受冷落，等待伯樂賞識的那一天。

遭受這種不平待遇的原因，有一部分是我們先前提過的汙點──「那隻蟲」（欲瞭解蟲子如何演變成現在這個樣子，請見第 80 頁）。當特基拉在過去二十年間得到社交界和行家的歡心時，梅茲卡爾卻被視為是兇惡的異類：鄙俗、難下嚥、粗製濫造，那隻蟲就好像代表這瓶酒超有「本事」。喝梅茲卡爾只是為了征服什麼，最後吞下一口蟲子不過是表示你完成了這場征服大業。

然後，大約二十多年以前，真相終於大白。在瓦哈卡州的農田裡──這個地區現在被劃定為墨西哥重要的梅茲卡爾產區，擁有超過 90％的梅茲卡爾酒廠──這種擁有豐富精神內涵的酒終於得以現出本質，而它樸實的生產環境、傳統的製造技藝，和流傳數世紀的工藝，如今也終於能與全世界分享。

行家會客室
» 隆・庫柏（Ron Cooper）

美國聖塔菲 | 迪爾瑪蓋梅茲卡爾（Del Maguey Mezcal）

隆不僅是一名極為成功的藝術家，也是迪爾瑪蓋梅茲卡爾（意為「來自龍舌蘭」）的創辦人。該公司自 1995 年起便在墨西哥瓦哈卡州附近落腳，專門分裝和經銷產自單一村莊酒廠的手工梅茲卡爾。隆有滿腹關於龍舌蘭的知識，梅茲卡爾能在全球廣受歡迎，隆作為梅茲卡爾的教父可謂當之無愧。我們向您致敬，閣下！

你是何時發現梅茲卡爾的呢？

「這個嘛，有一句墨西哥俗諺：『不是你去找梅茲卡爾，而是梅茲卡爾會找上你。』我絕對是被『找上』了。那是 1963 年我還在藝術學校念書時，和朋友一起旅行到下加州（Baja California）一間酒吧，當時我喝了一種龍舌蘭烈酒，結果醉得一蹋糊塗，隨後便把這件事拋諸腦後。到了 1970 年，我和幾個朋友辦了一場藝術展，我們喝了馬蹄鐵（Herradura）白特基拉，那是 1970 年代最好的特基拉。聊天中，大家相約沿著神奇的泛美公路南下旅行至巴拿馬。兩週後，我們在箱型車上綁著衝浪板就上路了，四個月後抵達巴拿馬，但在墨西哥途中我們發現了瓦哈卡，也就是梅茲卡爾的故鄉。之後瓦哈卡成了我的總部，待在那兒的時間越長，我越暸解梅茲卡爾的儀式性用途。」

你如何找到優質的酒廠？在瓦哈卡之外一定很難找吧？

「我以前常用塑膠桶甚至是汽油桶裝滿上好的梅茲卡爾帶回加州！1990 年我花了 3 個月時間，開著卡車沿著砂石路，見到當地人就攔下問：『Donde es el major？（最棒的上哪找？）』就這樣，我找到 28 種上佳的樣品，還順便參加了一場長達

八天的薩巴特克（Zapotec）婚禮，他們答應給我一桶 5 加侖的奇奇卡帕梅茲卡爾（Chichicapa mezcal），條件是我得幫忙偷渡一個人過邊境！邊境守衛逼我倒掉大部分的酒，我想辦法救下來了一些，當時我就發誓，再沒有人可以阻止我把梅茲卡爾帶進美國！」

讓你代理的這些小鎮相信你是來真的而非剝削他們，難嗎？

「天哪，我自己都不敢相信！我到那兒跟他們協商時，大家把我當外星人看──孩子們一見我的卡車抵達就一溜煙逃走！不過幾位有膽識的生產者看到了商機，終於在 1995 年，我的第一批梅茲卡爾──奇奇卡帕和聖路易斯（San Luis Del Rio）──裝瓶了。我們現在有約十位生產者，其中一位，要見上一面必須在砂石路上開 12 小時左右的車。我慢慢地將這些生產者聚集在一起，如今已是墨西哥政府正式認可的團體。」

你用幾種龍舌蘭來製造梅茲卡爾？

「這個嘛，雖然不同生產者對每種龍舌蘭都有不同的叫法，一般公

認能用的大約有 30 種。有些品種需要花 25 至 30 年才會成熟，其中野生的多巴拉龍舌蘭（tobala）最稀有，只生長在高海拔環境，長在橡樹的樹蔭下，就像松露那樣。」

梅茲卡爾能陳年嗎？

「我們的梅茲卡爾 99% 是直接裝瓶不陳年的。我剛從事這行時，會把酒放在不鏽鋼啤酒桶裡，經過一段時間，我注意到酒體發生了變化：成熟且更溫和一點。我懷疑風味更柔和是因為氧化作用。我最初分裝的梅茲卡爾現在只剩幾瓶了，它們來自 1995 年奇奇卡帕（距瓦哈卡南邊 2 小時車程的小鎮）一個小酒廠。我當時大概裝了太多，沒有立即賣光。某位酒商路過時嘗了一瓶我的收藏後驚為天人！之後他不到半年就要回購，所以瓶內熟成確實對風味有很大的影響。」

請以三個（英文）字描述迪爾瑪蓋。

「正宗龍舌蘭之母（True agave mother）。」

5 個
特基拉 & 梅茲卡爾
小知識

* 和梅茲卡爾一樣，特基拉是一種以龍舌蘭為原料的烈酒，兩者主要的區別在於，特基拉必須用藍色龍舌蘭（學名「Agave tequilana」，或稱 Weber Blue）釀造，而梅茲卡爾的原料則涵蓋多種龍舌蘭。

* 未陳年的特基拉稱為白色特基拉，偶爾也稱銀色特基拉（silver Tequila）。陳年過的特基拉（輕熟特基拉或陳年特基拉）往往會放入美國波本桶、法國葡萄酒桶，或為了獲得更多木材影響，放入內壁經焦化的新橡木桶中。

* 梅茲卡爾常有獨特的煙燻香氣和風味，這是源自於傳統製程：在放滿石頭的土窯中長時間加熱龍舌蘭心，窯上會覆以木材，以及廢棄不用的多刺多纖維龍舌蘭葉片。

* 世上最昂貴的特基拉是「Ultra Premium Tequila Ley .925 Pasión Azteca」，一瓶要價高達（簡直荒謬至極的）225,000 美元。

* 特基拉的豐功偉業還不只這樣，墨西哥的科學家開創了用特基拉製作真鑽的方法——將特基拉超溫加熱到攝氏 800 度。不過你沒法把它們戴在身上，這些珍貴的石頭小到只能應用在製作微晶片和極細切割工具。

梅茲卡爾與墨西哥風土

由於梅茲卡爾能使用的龍舌蘭品種較不受限，風味較特基拉更為鮮明，因此比其他烈酒更能體現墨西哥的風土。

溫和的煙燻味

有些行家會將梅茲卡爾與蘇格蘭艾雷島所生產的威士忌作比較，兩者的共通點是有明顯的煙燻味，拉弗格威士忌（Laphroaig）或拉加維林威士忌（Lagavulin）尤其明顯。事實上，梅茲卡爾的煙燻味和口感源於一開始準備龍舌蘭心的階段。與特基拉不同，農夫在鑿出的深坑中鋪上柴火及石頭，讓龍舌蘭心在裡頭烘烤至少 8 小時，火焰熄滅後就在坑頂覆蓋龍舌蘭葉、防水油布，及小山般的泥土，龍舌蘭心就在坑裡慢慢吸收灰燼、木炭的油味，及煙燻味長達 5 天。煙燻的影響會延續到裝瓶，導致某些梅茲卡爾帶有一絲淡淡煙燻味，另外有些梅茲卡爾則會帶有聞得到也嘗得出的篝火風味。

自然發酵

大部分的小批次手工梅茲卡爾都是以酒廠週遭空氣中的天然酵母發酵，這些菌株將龍舌蘭甜美的汁液轉化成酒精的效率不同，進而影響烈酒成品的整體風味。傳統的梅茲卡爾是在露天環境下發酵，時間可長達 14 至 30 天。

龍舌蘭的種類

一如葡萄有諸多品種，不同的龍舌蘭同樣會造成梅茲卡爾風味上根本的差異。某些

←許多小型的梅茲卡爾生產者在蒸餾過程中,仍然仰賴試錯法。如果到目前為止都可行……

龍舌蘭已極為適應墨西哥層巒起伏的地形、土質及炎熱的天氣,包括常見的艾斯巴丁(espadín,或劍龍舌蘭)和得伯斯達德(tep-estate)在內的龍舌蘭,通常生長5至6年即可收成,但有些品種,比如長在土壤條件較嚴峻的環境(往往在山上的梯田)下的野生多巴拉龍舌蘭,則需要更長的時間。

龍舌蘭會在夜裡張開毛細孔吸收大氣中的水分,白天則會緊緊閉上以免流失珍貴的汁液。製作梅茲卡爾的過程中,瓦哈卡的農人刻意不在六月到八月的雨季收割龍舌蘭。據隆·庫柏說:「地下水往上湧入根部會讓植株變苦,這樣會產出劣質烈酒。我們都是等到九、十月才收割,那時的植株含水量少些。」

蟲（謝天謝地）已不再是那隻蟲

隆·庫柏笑道：「花了我 18 年才殺掉那隻天殺的蟲，牠終於成過往雲煙了。」

隆接著說：「故事要從 1940 年代說起。某個在德州某家烈酒舖工作的藝術學生，藉著變賣回收玻璃瓶賺點錢。他覺得如果能用這些瓶子裝些便宜的酒賣人，就能賺得更多，於是前往瓦哈卡找最便宜的梅茲卡爾。他確實找到一些烈酒，但是用豐收期結束後才採割的龍舌蘭釀的，那些龍舌蘭不僅腐爛了，還長著寄生蟲──壓根兒不是毛毛蟲，而是夜蛾的幼蟲！這傢伙想出了個聰明（可能讓人有點不舒服）點子，就是在每一瓶酒中加入一隻蟲，於是誕生了『Gusano Rojo』（意為『紅蟲』）梅茲卡爾這個牌子，這是美國最早進行商業販售的梅茲卡爾之一。」

如今，那隻蟲仍然快活地在瓶子底望著瓶外的世界，看上去有點像歪歪扭扭的米其林輪胎人。都市謠言說吃了它會產生幻覺，不過最可能發生的，是因為喝太多而嚴重宿醉，別想會有什麼靈魂出竅的體驗啦。

如何享用特基拉及梅茲卡爾

好吧，這個章節有一個要素，就是希望不要讓人覺得我們是在說教，畢竟享用特基拉是件再簡單不過的事，所以這段話可能有點像隔靴搔癢，不過在這樣的前提下，且讓我們暫時拋下這種酒的樂天形象。

　　若你用對酒杯來啜飲、品嘗,特基拉也能如深色烈酒一般令人陶醉,每一瓶、每一類都能傳達出複雜又多樣的獨特風味。梅茲卡爾的表現甚至尤有過之……

　　隆‧庫柏認為:「沒人應該像無腦大漢那樣,將梅茲卡爾一飲而盡灌到爛醉。」事實上,梅茲卡爾與層次豐富的艾雷島威士忌有這麼多相似之處,如果放在聞香杯或葡萄酒杯中醒酒,真的能帶出襯著美妙新鮮果香和沉鬱根系香料感的溫和煙燻味。最最重要的是,要慢慢品嘗。

　　如果不在本章提及這兩種烈酒含蓄又理智路線以外的享用方式,感覺就不算完整。別忘了,萬年經典雞尾酒瑪格麗特(Margarita)得以功成名就,憑的就是特基拉的獨特風味。以下我們提供一個可能是公認經典作的最佳調配指南,再附加一則梅茲卡爾酒譜。

索托 SOTOL

噓!這可是墨西哥的秘密烈酒

在墨西哥北部,離美墨邊境不遠的地方,有一座名叫奇瓦瓦(Chihuahua)的城市,該地是墨國第三號國酒索托的精神之鄉。索托的知名度不高,其製作方式與特基拉和梅茲卡爾相去不遠,不過使用的原料沙漠杓子(Dasylirion wheeleri),同樣是長得像灌木的多肉龍舌蘭植物。目前商業產的索托酒廠數量仍然很少,除非是找最好、庫藏最齊全的經銷商(第 87 頁),否則應該很難喝到。假如你有幸找到,它絕對值得你去嘗試,因為它有股更偏香藥草近乎草根的辛香味。

湯米特調瑪格麗特

—

Tommy's Margarita

湯米（Tommy's）是美國舊金山一家非常有名的墨西哥餐廳，經典調酒瑪格麗特的另一種版本——簡單卻讓人印象深刻的湯米特調瑪格麗特，就是誕生於此。如果想讓某人重新認識特基拉，這款採用百分之百輕熟特基拉及新鮮素材的雞尾酒，可說是最好的敲門磚。調製的關鍵在於，必須在龍舌蘭糖漿的天然甜味、新鮮萊姆的奔放柑桔調，和輕熟特基拉乾淨又圓潤的味道之間取得平衡，後者為這款調酒帶來了額外的甜味及香草氣息。

材料

50ml 的輕熟特基拉（推薦 Herradura Reposado）

25ml 的新鮮萊姆汁

12ml 的龍舌蘭糖漿（這個產品如今較易取得，在許多超市或生機食品店都買得到。它超級甜，理論上比其他糖漿更健康，不過你不會想把它加在早餐的燕麥粥裡的。）

作法

將所有材料和冰塊一起放入雞尾酒雪克杯中。死命搖晃，然後濾到瑪格麗特淺碟杯中。如果想要有點變化，也可以加進放了冰塊的平底杯裡。最後以一片萊姆作裝飾。

瓦哈卡往日情懷

—

Oaxaca Old Fashioned

讓我們再把某款經典調酒的基酒換一下，以表現獨一無二的墨西哥氣息。梅茲卡爾中的煙燻味為往日情懷添加了不尋常的層次感，與飽滿的甜味和橙皮味相得益彰。

材料

50ml 的梅爾卡茲（推薦 Del Maguey Vida Single Village Mezcal，第 86 頁）

12ml 的二砂糖漿或 1 顆棕方糖

3 注的安格仕苦精（Angostura bitter）

現刨橙皮及萊姆皮

作法

在一個大的威士忌杯中慢慢攪和所有材料，加入冰塊來稀釋。凡是準備時間少於 5 分鐘（尤其是你還需要溶解方糖的話），就不算用心。

>> 10 款必試 特基拉及 梅茲卡爾
（外加1款索托）

雖然這兩種美妙的烈酒都來自同一家族（神奇的龍舌蘭），它們仍各自擁有獨特的風味。以下我們精選多款你可能沒嘗試過的特基拉，外加幾款上等梅茲卡爾，最後再來點不一樣的索托。乾杯！

» Del Maguey Pechuga Single Village Mezcal
49%｜墨西哥・瓦哈卡

這是一款經三次蒸餾的梅茲卡爾，最後一次蒸餾時罕見地加入一籃水果、香料，與一塊完整的雞胸肉。烈酒揮發時會通過這個有趣的水果籃，使成品帶有果香、肉香，以及梅茲卡爾潔淨、平和、帶植物感的調性。不僅是實實在在的美饌，也是世界上最搶手的梅茲卡爾之一。

» Del Maguey Vida Single Village Mezcal
42%｜墨西哥・瓦哈卡

雖然不想偏心迪爾瑪蓋，但還是必須把這支傑出的酒款和獨樹一格的 Pechuga 一同收入，作為這種特殊烈酒的平價入門品項。對剛開始接觸梅茲卡爾的人，這款酒可謂無所不包：微妙的煙燻味、黑胡椒味、一股鮮果味，還有一絲獨特的藥水味，讓人想起艾雷島的蘇格蘭威士忌。

» Ocho Blanco Tequila
40%｜墨西哥・哈里斯科

同樣是傳奇人物卡洛斯・卡馬雷那的傑作。這款白色特基拉擁有美味的純淨口感，帶有新鮮萊姆風味、甜美植物調性，以及獨特的鮮活感，再加上白胡椒作為點綴。這款酒是特基拉的表現巔峰，不僅能製作可口的血腥瑪麗，小口飲用來清味蕾也很順口，我給它打高分。

» Hacienda de Chihuahua Sotol Añejo
38% | 墨西哥・奇瓦瓦

Hacienda de Chihuahua 大概是索托最知名的製造商。索托是墨國烈酒家族的一員，以需要 15 年才能收成的沙漠杓子為原料。相比特基拉，它的香氣更偏香料、草本調。這款酒在法國葡萄桶中陳放 6 個月，因而滿載甘草、香茅及果乾等草根、土壤風味。

» Gran Centenario Rosangel Tequila
40% | 墨西哥・哈里斯科
　　　Hacienda Los Camichines（酒莊）

純粹主義者可能會因為這支酒的入選而皺眉，但只要酒杯裡的東西好喝，誰在意呢？這是一支調味的輕熟特基拉，先在法國葡萄酒桶中熟成 10 個月，接著又在舊波特桶中陳放 2 個月，再摻入朱槿花調味。桶陳使這款酒發展出甜蜜的果園香。

» Ilegal Mezcal Joven
40% | 墨西哥、瓜地馬拉（經由瓦哈卡）

約翰・雷斯勒（John Rexler）自 2004 年開始從瓦哈卡進口／走私所能找到最好的梅茲卡爾，帶往他位於瓜地馬拉的酒吧 Café No Sé。隨著數量愈來愈多，不知不覺有各式各樣的人非法給他帶酒，直到 2009 年才轉為合法進口。梅茲卡爾有藥用煙霧、胡椒粒、煮熟根莖蔬菜的香氣，以及太妃糖／爆米花的甜味。

» AquaRiva Reposado Bar Tequila
38% | 墨西哥・哈里斯科・洛沙托斯

演員克萊奧・羅蔻斯（Cleo Rocos）是已故英國喜劇演員肯尼・艾弗烈特（Kenny Everett）的表演搭檔，如今她已是備受尊敬的特基拉權威人士，這支採用百分之百藍色龍舌蘭的特基拉就是她的心血結晶，無論單飲或調酒都表現完美。此款酒須在波本桶中至少熟成 3 個月，帶有新鮮水果香氣、洋槐蜜，及燕麥餅調性。

» Rey Sol Extra Añejo Tequila
40% | 墨西哥・哈里斯科・洛沙托斯

在特基拉的世界中，特級陳年酒款仍然是比較新穎的概念——直到 2006 年才開始有在橡木桶中陳放 3 年以上，以增強風味複雜度和滑順口感的作法。這款酒便是其中的佼佼者。它在法國橡木桶中陳放了 6 年，有微妙的果乾、烤麥芽味和具收斂感的香料調性。威士忌和雅瑪邑白蘭地愛好者若要喝特基拉，這是不二之選。

» Tapatio Reposado Tequila
38% | 墨西哥・哈里斯科・阿藍達斯

這款輕熟酒款是以百分之百藍色龍舌蘭釀造，出自特基拉製酒教父卡洛斯・卡馬雷那（Carlos Camarena）之手，足以躋身最精采的特基拉行列中。這款酒陳放在波本桶中 4 個月，有豐饒的奶油香，伴隨獨特的鮮活柑桔調和微微的土壤氣息，雖然陳年卻仍有活力，並且爽冽、乾淨而優雅。

» Los Danzantes Añejo Mezcal
45.4% | 墨西哥・瓦哈卡・聖地牙哥馬塔特蘭

Los Danzantes 意為「舞者」，是墨西哥南部的人氣連鎖餐館。創辦人古斯塔夫・木諾(Gustavo Munoz) 於 1997 年建立了一間小型工坊，轉型成酒商。他們製造的酒有點特別——裝在法國利穆贊橡木桶中熟成的輕熟梅茲卡爾及陳年梅茲卡爾。這支酒有一股馥郁的蜂巢香、溫和的煙味，以及一絲新鮮香蕉及豐沛的木桶香料感。

ABSINTHE
艾碧斯

奇妙的綠色仙子

烈酒名稱	詞源 / 發源地	顏色	主要 生產國家	全球 熱銷品牌	主要成分
Absinthe。源於大艾草的拉丁文「Artemisia absinthium」。	最早於1790年代產於瑞士,後在法國邊境蔚為流行。	傳統上,法國產的艾碧斯從清淡的翠玉色,到充滿活力的亮綠色都有。瑞士產的艾碧斯則始終是清澈的。	法國、瑞士、捷克共和國,以及2007年後的美國。	— La Fée — Pernod — Lucid	將中性烈酒(傳統是以葡萄為原料)與綠茴芹、茴香,以及最重要的大艾草,和許多其他草本植物一同蒸餾(有時僅將草本植物浸泡於中性烈酒中)。

ABSINTHE
DUCROS fils

TRIPLE RECTIFICATION

艾碧斯

奇妙的綠仙子

既然你們拿起這本基本上都在講烈酒的書，我們相當確定你清楚瞭解酒精對人體和心智的影響，但是在兩、三千年前，這樣的觀念或許尚未普及。

我們在前面的琴酒章節中提過，十八世紀時琴酒熱潮所造成的毀滅性影響。正因它令大眾醉酒、沉迷的特性，讓這個曾經備受擁戴的飲品一夕之間成為人人喊打的過街老鼠。當倫敦市民在對付日內瓦夫人[1]時，另一頭的法國當局正準備迎戰更強勁的對手——綠仙子本人，也就是艾碧斯。

1　編注：Madame Geneva，琴酒的貶義別稱，參見第 38 頁。

艾碧斯這款烈酒，沒幾個飲者敢在毫無準備的狀況下貿然嘗試。艾碧斯的酒精濃度高達令人瞠目的 70％ 左右，加上它的苦味、藥草風味，以及謠傳中的致幻特性，都注定它不會是蘭姆酒或威士忌那類宜人易飲的烈酒，或是像琴酒、伏特加一般適合用來調酒（這很諷刺，因為琴酒也有陰暗的過往）。但正是這樣的特性，讓艾碧斯成了一項刺激而誘人的挑戰。不管某些烈酒在過去招惹過什麼麻煩，艾碧斯惡名昭彰的程度絕對有過之而無不及，因而有很長一段時間，它在許多國家都屬於違禁品，大概等同於烈酒世界的《發條橘子》[2] 吧！

即使有這麼多不健康的聯想，艾碧斯的歷史事蹟仍是十分顯赫。它活躍於美好年代[3]，後世會永遠將它與眾多文學及藝術界的巨擘聯想在一起。那麼，到底為什麼艾碧斯會成為這樣一個頑童呢？

Artemisia Absinthium

Published by Phillips & Fardon, May 1st 1808.

與綠仙子一同逍遙

艾碧斯的關鍵成分是菊科蒿屬苦艾（Artemisia absinthium），俗稱大艾草（grand wormwood），這種引人注目的植物自古希臘時代起就因藥效聞名，但要到十八世紀晚期才出現蒸餾的苦艾。

當時一名住在瑞士古維地區的法籍醫生皮耶·歐丁涅（Pierre Ordinaire），發明了一種含苦艾的萬靈丹。結果廣受歡迎，配方也流入一名商業蒸餾商手中，開始大量生產。瑞士產的艾碧斯有口皆碑，隨後亨利路易·保樂（Henry-Louis Pernod）更在法國邊境的朋塔利耶（Pontarlier，該地此後成為艾碧斯的靈魂故鄉）建設、經營蒸餾廠，以「Pernod Fils」為品牌名的艾碧斯自此站穩了腳步。

艾碧斯以其藥效在阿爾及利亞幫助士兵

2　編注：*A Clockwork Orange*，美國導演史丹利·庫柏力克（Stanley Kubrick）七〇年代拍攝的電影，因內容充滿性與暴力，曾被眾多國家列為禁片。

3　編注：La Belle Époque，指普法戰爭（Franco-Prussian War）結束後，到第一次世界大戰前的和平時期。

4　編注：據傳王爾德某次飲用艾碧斯後，在步履蹣跚地離開酒館時，感覺有鬱金香擦過腿部。

5　編注：Lysergic Acid Diethylamide（麥角二乙胺）的縮寫，是能改變情緒的化學物質。

抵禦瘧疾，使其聲譽臻於鼎盛，連巴黎的咖啡館及酒吧也購入這本質簡單卻強勁的烈酒。事實上，如果你是一位十九世紀中期至晚期的紳士名流，很可能會在每天傍晚五點左右，和打扮入時的朋友們集結在咖啡館裡享用一杯艾碧斯，共度「綠色時光」。你可能會瞥見鄰桌的馬內（Edouard Manet）、土魯斯—羅特列克（Toulouse-Lautrec）和梵谷，注視著手中泛著綠光的酒杯尋找創作靈感，而咖啡館的更深處，還有阿蒂爾·蘭波（Arthur Rimbaud）、保爾·魏爾倫（Paul Verlaine）以及奧斯卡·王爾德（Oscar Wilde）等人，帶著對綠仙子的敬意振筆疾書、創作詩句。王爾德曾說，他飲下艾碧斯之後，感覺到被鬱金香輕撫腿部[4]。

所以，這種酒到底何以成為文人雅士和文豪的心頭好？這就是艾碧斯與同時代其他烈酒有所區別的地方了。苦艾因含有叫作側柏酮（thujone）的化合物而受到注目，據稱這種物質會對人的精神和心智產生影響。舉個例子，讓我們回到 1895 年來看艾伯特·梅紐（Albert Maignan）的《綠色繆斯》（*La Muse Verte*）。畫布上描繪的是詩人臣服於綠仙子的影響，展現了如夢似幻的奇詭意象。艾碧斯（及其傳聞中的影響）被許多藝術家、文人和其他促成法國美好年代的人士，視為一種擴展心智及創作力的途徑。很像當今的毒品 LSD[5] 嗎？可能吧。這裡讓我們稍微科學一點，要喝到會產生幻覺的地步，需要的量會多到不是酒精中毒而死，至少也會不省人事。

← 苦艾草。味苦（且謠傳可能致幻）的艾碧斯核心成分。

↓ 典型的穿孔艾碧斯匙。要以傳統方式飲用這種烈酒就少不了這支酒匙。

壞仙子

十九世紀末期艾碧斯的銷量激增,部分原因要歸功於一種稱為根瘤蚜蟲(phylloxera bug)的害蟲。這種蟲酷愛寄生於葡萄藤上,由於法國葡萄酒及干邑皆須仰賴葡萄,在這些酒類供應短缺、價格上漲的情況下,法國民眾紛紛投向艾碧斯的懷抱。但好景不常,艾碧斯的高酒精度開始為社會帶來負面影響——犯罪增加、醉漢變多、動盪不安,當時的禁酒運動便呼籲要查禁艾碧斯。

奇怪的「艾碧斯謀殺事件」是壓垮駱駝的最後一根稻草:一名瑞士農夫喝醉後殺害了全家人,艾碧斯首當其衝成為罪魁禍首,儘管事實是他先攝入了大量的葡萄酒和薄荷香甜酒(crème de menthe),最後才喝一小杯綠仙子。

短短幾年,艾碧斯就在瑞士、法國、美國及荷蘭被查禁。不過和通行說法正好相反的,是英國從來沒有禁止過艾碧斯,只是因為艾碧斯取得困難,所以對它的興趣也就慢慢衰減。到了1990年代,品質低劣的艾碧斯再度在市場上流通,但是這些不過是人工加味的高酒精度蒸餾酒,品質完全無法與過去的相比。

> ↗ 艾碧斯名人:據說梵谷也是這種惡名昭彰烈酒的超級粉絲。

好仙子

幸運的是,在一群收藏家、愛好者、信徒的合作下,艾碧斯的禁令在千禧年之際解除,位於朋塔利耶的艾碧斯始祖蒸餾廠以失傳的配方捲土重來,艾碧斯終於重新回到酒架上。近來新設的工藝艾碧斯酒廠在製酒時,也開始採用自當地取得的苦艾及其他草本植物,製作出出色的小批次產品。

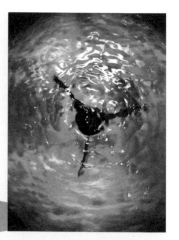

錦上添花的是，由於許多人對經典雞尾酒和古董產生濃厚興趣，艾碧斯仙子忽然間又再度優雅地四處飛舞，在新一代的仰慕者當中揮灑她的魔法。

仙子為什麼是綠色的？

艾碧斯的製程與琴酒有許多相似之處，都是以中性烈酒（大多是酒精度可達70%以上的葡萄蒸餾酒），與基礎調味料（包括茴香〔fennnel〕、綠茴芹〔anise〕及最重要的苦艾）一同蒸餾而成。市面上絕大多數艾碧斯往往會在裝瓶前以人工色素染綠，不過也有一些品質精良的艾碧斯，是將相當比例的草本植物浸泡在酒中，造就它那出了名的天然明豔綠色。事實上，如果將一瓶優質艾碧斯置於日光直射之下（請不要真這麼做），你就會看到天然葉綠素和日光反應帶來的明顯顏色變化。

PASTIS & ARAK
帕斯提斯及亞力酒

香氣四溢的茴芹家族

茴芹的味道十分特別，除了艾碧斯之外的烈酒也會添
加這種香料，也就不足為奇了，其中最值得一提的就
是帕斯提斯（pastis）和亞力酒（arak）了。

←保羅力加是全球最出名的帕斯提斯品牌之一。

帕斯提斯不是仿作

當法國終於在 1915 年實施艾碧斯禁令，法國酒廠紛紛尋找替代品填補艾碧斯留下的空缺。他們發現，只要拿掉當中的苦艾（苦艾被認為是艾碧斯中的有害成分），再將酒精濃度大幅減少到 40％至 45％，他們還是能販售一種以茴芹籽和甘草根為主，喝起來很棒的烈酒。這就是誕生於 1930 年代的帕斯提斯，味道與艾碧斯相去不遠，卻沒有艾碧斯的副作用。保樂（Pernod）和保羅力加（Paul Ricard）等品牌至今仍然十分暢銷，在國內有廣大的追隨者。帕斯提斯的享用方法如同艾碧斯——稀釋著喝。一旦水與酒兩者「水乳交融」（第 101 頁），就會產生混濁、乳白色的外觀。

黎巴嫩的嗆辣美酒亞力酒

黎巴嫩以其釀造葡萄酒的繽紛歷史聞名，但另一款強勁而富風味，名為亞力酒的飲品也很廣為人知。與帕斯提斯相似，這款酒液清澈且以茴芹調味的利口酒，裝瓶後強度約為 59％。亞力酒在地中海東部沿岸有幾個表親，包括土耳其的拉克酒（raki）、希臘的烏佐酒（ouzo），它們基本上都是出自同一種工法，有時會採用糖、椰棗或無花果作為烈酒原料，並與茴芹籽一同再餾，或額外添加茴香籽調味。

黎巴嫩的亞力酒使用最後一批採收的葡萄為原料，這些葡萄會在木桶裡發酵數週，再將產生的混合物經數次蒸餾後，混入少量茴芹籽香料。

傳統上，黎巴嫩人會在用餐時飲用亞力酒，搭配小菜拼盤式[6]的餐點享用，諸如黎巴嫩香腸（makanek）或黎巴嫩韃靼羊肉（kibbe）等香料羊肉類菜肴，也很適合。伊拉克亦盛行飲用此酒，由於亞力酒的乳白色外觀與高酒精度，當地人常稱它為「獅子奶」，唯有「壯如猛獅」的人能喝。

6　編注：Mezze，以數個小碟盛裝不同食物來搭配酒品食用。

行家會客室

» 喬瑟夫‧帕維斯基（Joseph Pawelski）

美國‧科羅拉多 ｜ 歐弗藍酒廠（Overland Distillery）

以科羅拉多州洛弗蘭為基地的喬瑟夫‧帕維斯基，逐漸將注意力轉向製作傳統的艾碧斯，但只限用美國本土栽種的苦艾。

酒廠背後的精神是什麼？

「歐弗藍酒廠專注於將失落的烈酒、風味及文化重新帶回世人眼前，我們的產品只用天然種植的原料，其中大部分是在科羅拉多本地栽培並人工採收。我們深信品質至上。」

你們的艾碧斯有何特別之處？

「Trinity Absinthe 是根據幾個傳統艾碧斯配方製成的，不過我們稍加更動了選用的香料，加上它有其他艾碧斯品牌不多見的順口，這些都賦予了這款酒個性，使它不僅適合以傳統方式（混合冰水）飲用，也能用來調酒。我們只用有機素材，藥草葉都是在北科羅拉多本地天然栽植、人工採收後，再仔細乾燥。我們發現，這是唯一可確保得到我們想要的品質和風味的方法。」

從風味的角度，你是否曾受到酒廠地理位置的影響？

「這裡的高海拔加上乾燥、日照強烈的氣候，很適合種植大部分艾碧斯所需的藥草。就像釀酒用的葡萄，地域確實會影響植物的風味。根據我們的經驗，科羅拉多產的香藥草香氣更濃郁，另外，比起朋塔利耶和其他常見的艾碧斯產地，我們的苦艾更甜、更多花香味。就我們所知，我們是科羅拉多

第一個栽種苦艾和其他艾碧斯原料的酒廠，所以剛開始有點實驗性質，最後得到這麼好的品質，我們很開心也有點驚訝！」

身為工藝烈酒製造商，是什麼維繫著你的熱情呢？

「匠心。有很多事情一成不變地傳承了好幾個世代，這其中有好有壞。工藝烈酒製造中的匠心，就是以前人留下的優良傳統為基礎，把不好的一面往好的方向改進。在這樣的過程中，常能創造出新穎美味的作品。」

作為工藝烈酒製造商，你從中學到了什麼呢？

「蒸餾和創作是我的熱情所在。要成為工藝烈酒製造商，需要具備商業、會計、行銷等技能，還有十足的耐心、一些資本，以及最重要的毅力。」

未來有何計畫？

「我希望看到艾碧斯像以前那樣，成為酒吧裡的常駐主力。當然啦，如果常駐的是 Trinity Absinthe 就更好了！不過正如琴酒和威士忌一樣，選擇越多越好！」

如何享用艾碧斯

艾碧斯之所以能成功走出低潮，其中一個原因是它那幾乎帶有儀式感的傳統準備方式。由於艾碧斯一般很烈（古早的艾碧斯幾乎是剛蒸餾完就裝瓶，酒精度大約介於 60% 至 75%，這項傳統仍延續至今），必須將它的風味從酒精感中釋放出來，因此要用精確的 3：1 水酒比例來準備。

罪惡的喝法

你可能會說，我好像看過有人在艾碧斯上點火？這個嘛，你是可能看過，不過我們要沒收他們的打火機哦。點燃淋過艾碧斯的方糖，等方糖融化後掉進杯裡讓酒燒起來，這種喝法與傳統的法國式喝法（French Method 見右頁）完全沒關係。事實上，這種波西米亞式喝法（The Bohimian Method）是在捷克發展出來的，部分原因是為了掩飾 1990 年代粗製濫造的艾碧斯難喝的口味。

→ 滴水機。用一滴滴冰水稀釋的傳統艾碧斯喝法，讓經典的健力士啤酒（Guinness）慢斟法（slow pour）[7] 都顯得倉促了！

7　編注：根據健力士，要倒出一杯完美的健力士啤酒有 6 個步驟，總共要花上 119.5 秒鐘。

傳統喝法

將一小顆蔗糖放在造型特殊的有孔銀質酒匙上,讓冰水慢慢往下滴在糖塊上,增添酒的甜味。當水和苦艾草、茴香、茴芹的精油起反應,產生乳化效應(louching effect)時,看起來就像有霧氣從杯中蒸騰而出。

聖杯式喝法

隨著艾碧斯的人氣在 1900 年代初期不斷成長,眾人紛紛追求「完美」喝法。酒廠、酒吧、咖啡館老闆費盡心思,只為了要讓艾碧斯支持者有最棒的飲用體驗,包括設計裝飾華麗用來融化方糖的酒匙,最驚人的大概就屬艾碧斯滴水機(左頁圖)了。這種滴水機通常可供四人使用,冰水經過小小的水龍頭滴入下方的酒杯中(酒杯當然也經過特殊設計)。如今,對「艾碧斯體驗」的嚮往導致不少酒吧也配備古董滴水器和酒匙,雖然這些器具很像博物館展品,卻完美地呈現了艾碧斯的氛圍。艾碧斯是典型的「慢慢享用」烈酒,與綠仙子共度的時光,可得慢慢消磨。

乳化──玄學還是科學?

神秘的乳化效果有沒有可能是因為綠仙子現身呢?根據康瓦爾郡西南酒廠(Southwestern Distillery)首席製酒師塔昆·李貝特(Tarquin Leadbetter)的說法,艾碧斯和帕斯提斯都會出現的奇特效應,乃是由於它們採用的茴芹籽富含精油之故:精油可溶於烈酒卻不溶於水,因此當烈酒被稀釋時,這些油性化合物就被釋放出來,在酒杯中創造出半透明的乳白效果。雖然科學是這麼說啦,但我們還是相信仙子……

亡者復甦 2 號

—

Corpse Reviver No.2

由於艾碧斯的核心成分是苦艾、茴香及茴芹籽，風味既特殊又強烈，要用來調製雞尾酒並不容易，尤其不適合當作主要素材。不過，如果酌量使用來「潤洗」酒杯，或是只添加非常少量，則可為多款經典雞尾酒帶來不可思議的複雜度，其中最具代表性的就是亡者復甦 2 號。這款調酒在 1920 年代，因倫敦薩伏依酒店（Savoy Hotel）調酒大師哈利‧克拉多克（Harry Craddock）而廣為人知。

材料

20ml 的倫敦干型琴酒（推薦英人琴酒）

20ml 的君度橙酒

20ml 的白麗葉酒（Lillet Blanc，一種充滿美妙柑橘味的加烈葡萄酒）

20ml 的現擠檸檬汁

10ml 的艾碧斯

些許檸檬皮油

作法

將所有材料和冰塊放入雪克杯中，然後死命搖晃到快產生幻覺看到仙子為止。將酒液過濾到冰鎮過的馬丁尼杯中，以些許檸檬皮油裝飾。這杯調酒的藥性可以緩解犀牛級的宿醉，其中的艾碧斯帶來幽微但清新的草本香氣。

10 款必試
艾碧斯及帕斯提斯

有鑒於它的傳奇性酒勁，若你打算細細品味一杯酒，艾碧斯是高難度的選擇，但是以下幾款（儘管它們毫無疑問都很烈）在我們看來，展現了當你飲用一種配方獨特、製作精良的烈酒時，所能體驗到的眾多美妙特質。

Pernod Absinthe
68%｜法國・蒂伊（Thuir）

Pernod Fils 酒廠的歷史可以追溯到 1805 年，由亨利路易・保樂創辦，並生產出現今公認第一批商業販售的艾碧斯。但在艾碧斯被長期妖魔化並打入冷宮後，酒廠也隨之沈寂。直到二百年後，保樂才又再度炮製當年的配方，並在蒂伊建設新酒廠。這支艾碧斯聞起來有獨特的茴芹籽味，嘗起來則略帶草本的苦味。

Absinthe Roquette 1797
75%｜法國・朋塔利耶

這支酒味道複雜、非比尋常、富香料感，是艾碧斯中的野獸派。其配方直接源自於 18 世紀晚期的一則秘方，當時艾碧斯仍介於酒和藥劑之間。

酒色是淡綠色調，兌水後乳化很慢，仍維持著一些清澈度。聞起來植物味很重，幾乎像是歐洲防風草的味道，還有孜然調性與苦艾苦韻。花點時間品嘗這支酒，就會感覺自己回到了美好年代。

Adnams Rouge Absinthe
66%｜英國・紹斯沃德・薩弗克郡（Southwold）

這支在埃南姆斯酒廠閃亮的蒸餾間裡蒸餾出來的艾碧斯，顏色並非傳統的綠色，而是鮮明熾烈的紅色。這種特殊色澤來自原料中的朱槿花，使它的香氣除了茴香、乾燥香料及芫荽子外，還多了隱約的花香。敢於不同的紹斯沃德紳士們，我們向你們致敬！

Southwestern Distillery Pastis

42% ｜英國・康瓦爾郡

康瓦爾郡的帕斯提斯令人無法抗拒！塔昆・李貝特小小的西郡酒廠可說是開了先例──唯一在法國境外蒸餾的帕斯提斯。他們小量生產，一次只生產 300 瓶。塔昆在當地懸崖上採集荊豆花（有甜甜的椰子香），把它跟其他包括茴芹籽和新鮮橙皮等較為傳統的草本植物一齊蒸餾。

Overland Trinity Absinthe

63% ｜美國・科羅拉多

當帕維斯基在 2009 年建立第一家酒廠時，可說是淘到金了（好吧，應該是綠），因為他們發現洛弗蘭當地布滿苦艾。這支酒集合這些在地產的原料，包括茴香與茴芹籽（這支酒三種草本風味的其中兩味），產出口感不甜又高度芳香的艾碧斯，兌入冰水後有絕佳的乳化效果。

La Maison Fontaine Absinthe

56% ｜法國・朋塔利耶

這支澄澈的艾碧斯是埃米別諾（Émile Pernot）酒廠的精心之作，混合了約 15 種植物，茴香的植物氣味特別明顯。最讓我們訝異的是，它嚐起來如此清新爽口，絕對值得搭配好的通寧水，嘗試讓人耳目一新的享用方法。

La Clandesine Absinthe

53% ｜瑞士・古維（Couvet）

產於瑞士瓦爾德特維斯（Val-de-Traverse），也是艾碧斯的發源地。酒體清澈，乳化迅速，有股鮮明的香薄荷和塵土味，以及清新的茴香氣息。它比其他艾碧斯甜得多，因此毋須放太多糖。入口帶出強烈的茴芹籽味，一種胡椒般的辛辣感會在口中縈繞好長一段時間。如果法國酒不是你的菜，不用考慮，就是這支了。

La Fée XS Absinthe Suisse

53% ｜瑞士

自從艾碧斯在千禧年重新被引介給新世代後，這是最為人熟知的艾碧斯旗艦品牌了。它有點像 La Clandesine，晶瑩剔透又乳化迅速，初嘗時不甜，有濃烈草藥香，接著是熟悉的茴芹味。它不如某些法國艾碧斯那麼強勁，入口後的口感幾乎稱得上綿密。

Absinthe Sauvage 1804

68% ｜法國・朋塔利耶

大衛・內森麥斯特（David Nathan-Maister）是艾碧斯狂熱分子，當他前往法國搜尋優質苦艾草時，大概想不到自己會和當地農民一起攀山越嶺，尋找這芳香的珍貴野生作物吧。Sauvage（意為「野」）的艾碧斯與我們以前喝過的截然不同，它強烈的苦味平衡了茴香的藥草調性以及複雜的香料感。如果有所謂特級艾碧斯，就是這支了。

Henri Bardouin Pastis

45% ｜法國・福卡基耶（Forcalquier）

獨特的味道在口中綻放，超過 50 種的不同植物爭先恐後要吸引你的注意。雖然以產自法國而自豪，這款酒卻不按牌理出牌，有著濃郁的八角香（味道迥異於艾碧斯用的綠茴芹），並以其他不常見的植物原料，如香車葉草（sweet woodruff）、檸檬馬鞭草（lemon verbena），以及零陵香豆（tonka bean），來平衡小豆蔻、歐白芷、迷迭香、甘草與百里香的風味。

RUM 蘭姆酒

加勒比海的海盜酒

烈酒名稱	詞源 / 發源地	顏色	主要 生產國家	全球 熱銷品牌	主要成分
Rum、rhum、rhum agricole（農業蘭姆酒）或 cachaça（甘蔗酒）都是。也有以「巴西蘭姆酒」來稱呼甘蔗酒的。	古巴、其他加勒比海島國，以及拉丁美洲。	若蒸餾完直接裝瓶，酒色是透明的；若在橡木桶中熟成，則為深色或「金黃色」。	古巴、其他加勒比海島國、拉丁美洲、印度及澳洲。甘蔗酒只在巴西生產，農業蘭姆酒只在法屬馬提尼克生產。	— Bacardi — Tanduay — McDowell's Captain Morgan — Brugal — Havana Club — Contessa — Cacique	糖蜜之類的甘蔗產物，或是新鮮甘蔗汁。

→ 哈瓦那的 La Bodeguita del Medio。全世界都在模仿它，卻無人能出其右……

蘭姆酒

加勒比海的海盜酒

與其說蘭姆酒是一種飲品，不如說它是一種生活方式。甜美又極好入口的蘭姆酒已證明它不僅是一款經典烈酒，也是絕佳的雞尾酒素材，而這款酒的歷史更與它的口味一樣多采多姿。

大部分蘭姆酒都是在加勒比海和拉丁美洲地區生產的，所以會出現穿著海盜裝的強尼・戴普手持蘭姆酒在甲板上逃竄的畫面，但蘭姆酒的生產並不限於這些區域，而是遍布全球，從印度到西班牙都有。由於與甘蔗種植的歷史密切相關，就連不知名的小島也出產蘭姆酒，比如馬達加斯加東邊的留尼旺火山島（volcanic Réunion），而今日蘭姆酒市場中好些特殊品項，正是來自這些小島。

左舷出航，回蘭姆鄉 2，水手們排隊領取每日配給的蘭姆酒，這個作法直至 1970 年才廢除。

1　編注：Grog。由蘭姆酒及水以 1：4 比例調和而成，再加入檸檬或萊姆汁與糖調味。

2　編注：Port out, rum home。援引自俗語「Port out, starboard home」，意為「左舷出航，右舷返航」。殖民時代從英國啟程往印度時，船身靠岸的左舷側少日曬，被認為是優等艙房，回程時則相反，因此優等艙房的船票會印上「P.O.S.H」的字樣。

水手的配給

蘭姆酒與海盜之間的羈絆絕非空穴來風，它與海軍的關係更是密切。它是英國海軍傳統上為水手選擇的烈酒，以每日配給的「兌水酒」形式發放，有助於讓水手們在大海上保持心情振奮。

這種海軍補給稱為「小不點」（tot），倒酒和飲酒的行為則稱作「totting」。雖然英國政府在 1970 年廢止了這種補給，不過這種行為仍存在於皇家海軍船艦，只不過必須是在女王（或她任命的人）或高階海軍軍官下令「連接主桅操桁索」時。聽到這句話，就表示可以將酒分下去喝了。這種說法其來有自，因為小不點原本是用來獎勵那些在帆船上完成艱難緊急修繕任務（比如連接主桅操桁索）的人員，因此今日仍然沿用這樣的說法，來嘉獎某人完成艱難的任務。

對於每天的蘭姆酒配給被撤銷這件事，皇家海軍的水手們並不太情願，將命定的那天，也就是 1970 年 7 月 31 號，稱為「小不點哀悼日」（Black Tot Day）。如今這一天經常被蘭姆酒商用來舉辦活動，或者選作新產品上市的日子，甚至有蘭姆酒品牌就巧妙地取名為「Black Tot」。

讓海軍與蘭姆酒搭上線的，不僅是小不點或「連接主桅操桁索」這個呼號，海軍特有的「海軍強度」（Navy Strength）蘭姆酒也有貢獻。不管哪種稱呼：海軍／海軍強度／海事蘭姆酒，都沒有一定的定義，不過今日這些標籤泛指從 1600 年到 1970 年惡名昭彰的小不點哀悼日期間，曾經出現在海軍船艦上的蘭姆酒類型。在那數百年間，海軍蘭姆酒逐漸從甲板上往民間發展，酒架上開始出現如拉姆斯（Lamb's）和史密斯克斯（Smith & Cross）等向水手們敬意的知名品牌，因此它們的口味往往較為濃郁，酒精濃度也較高。

救命酒

風味突出、酒精度高，這兩項關鍵因素不僅僅是行銷噱頭而已，而是有重要救命潛力。突出的風味部分肇因於蘭姆酒被儲放在木桶裡，因此帶有在木桶裡熟成會產生的深度與複雜度。風味的增加使得蘭姆酒與萊姆汁混合後毫不遜色，而後者是幫助水手抵禦壞血病的重要膳食補充劑。

海軍蘭姆酒較高的酒精度也有助於延長酒在船上的保存期限，因為陳放在木桶中的烈酒酒精度會隨時間下降，因此在跨越海洋的漫長航程中，帶著高強度酒品出發是合理的。

攜帶高強度烈酒上船的理由之二，是安全考量。早在有安檢官存在之前，高強度烈酒易燃的風險就被認為有其正面意涵。一如標準酒度（proof）的起源（第 219 頁）──烈酒的強度是以酒與火藥混合後能否起火燃燒來證明（proved），在軍艦上也有同樣的需求。要在大海中對抗海盜或保護商船通過危險的水域，火藥絕不能失靈，如果你攜帶的低酒精度蘭姆酒漏出來把火藥弄溼，那就玩完了：沒有砲火就沒有防禦力，還可能被一群美人魚攻擊，所以，想都別想！

也因此，對當時最強大的海軍──英國海軍的水手──而言，蘭姆酒就是救星，能讓他們在惡劣的生活條件下保持神智清醒，幫助抵禦沒有新鮮飲水可喝所導致的各種疾病，又不會像啤酒那樣，讓他們在必要時刻無法發揮武力。

選擇最喜歡的蘭姆酒色

雖然海軍強度蘭姆酒很好喝，但它並不是這甜美酒品的唯一版本。蘭姆酒有許多不同類型，通常以顏色來分類。

白蘭姆酒或淺色蘭姆酒
這類蘭姆酒未經陳放，或至少沒在木桶裡待太久，往往蒸餾完就直接裝瓶，最適合用來調製雞尾酒。

金色蘭姆酒
金色蘭姆酒介於白蘭姆酒與深色蘭姆酒之間，只經過短時間陳放，橡木桶會對它的成色及風味產生些許影響。

深色蘭姆酒
深色蘭姆酒是蘭姆酒中的「優級」品，在橡木桶中陳放很長一段時間，這些酒桶通常是裝過干邑白蘭地、威士忌或波本的。這類蘭姆酒特別適宜細品，不過選擇時必須要謹慎，因為有些會另外以焦糖色料或糖蜜添加物染色。

香料蘭姆酒
儘管逐漸增加的深色蘭姆酒十分美味，香料蘭姆酒的知名度也不遑多讓。這類蘭姆酒通常添加了肉桂、香草、橙皮等材料來調製，顏色有白有金，但以深色居多。同樣地，陳放時間長、酒齡較高的適合純飲，較年輕、酒色較淺的則適合用來調酒。

島嶼對蘭姆酒的影響

對於將蘭姆酒從加勒比海各島傳播到全世界，大西洋航線的貿易可說扮演了重要角色。海路運輸讓蘭姆酒有時間在橡木桶裡熟成，也為酒液添上一股金黃色澤，剛蒸餾完的粗澀口感也變得更柔順、成熟、濃郁，不僅如此，這種烈酒也讓殖民者賺得盆盈缽滿。蘭姆酒後來成為用以在非洲沿岸交易奴隸的商品，為它的歷史抹上陰影。不過，現在的蘭姆酒早已搖身一變，成了派對上的輕鬆飲品。

雖然安地瓜（Antigua）、巴貝多（Barbados）和巴哈馬（Bahamas）等小島，都能宣稱自己是蘭姆酒早期流通品牌的發源地，但哈瓦那俱樂部（Havana Club）和百加得（Bacardi）等知名品牌的發源地，卻是古巴這個島嶼。世界知名的哈瓦那俱樂部目前有點人格分裂：全球販售的哈瓦那俱樂部是由保樂力加（Pernod Ricard）和古巴政府合資的品牌，如其品牌名是在古巴生產，然而由於該品牌昔日留下的問題，它在美國的經營權有諸多爭議，加上美國對古巴產品實施禁運，境內買得到的哈瓦那俱樂部，其實都是由百加得在波多黎各生產，主要在佛羅里達州少量販售。

不管是白蘭姆酒還是金色蘭姆酒，都已經成了酒吧架上的必備品。不論是純飲或調酒，蘭姆酒都已躋身世界最大烈酒品項之一，且在十年前捲土重來後絲毫不見退燒跡象。

生產價值

既然蘭姆酒與加勒比海島嶼的連結這麼

←蘭姆酒是一種可以開懷暢飲的飲品，也用於多款流行雞尾酒中，不過內行人也可以細細品飲它的陳年版本。

強，可以想見它的原料就是各式各樣的糖或糖的衍生物，像是糖蜜，再經過我們現已熟悉的發酵及蒸餾過程。

在製作其他烈酒如麥芽威士忌時，我們需要額外的步驟來將原料中的澱粉分解成糖，再由酵母將糖轉化成酒精，然而蘭姆酒的原料已經是糖了，所以酵母可以直接從這些糖分下手，製造酒精。

如果是以穀類為原料的烈酒，發酵過程就會產生類似啤酒的東西。事實上，威士忌的起源就和透過蒸餾來「保存」啤酒深具關連。生產蘭姆酒時，甘蔗「酒」也可以直接飲用，這種酒在菲律賓十分盛行，自成一類，叫作「basi」。

回過頭來談蘭姆酒的生產。製作烈酒就像訂披薩：首先要選餅皮（以蘭姆酒來說，就是糖），然後選擇配料（蒸餾方式）。你可以走經典路線（瑪格麗特披薩），也就是壺式蒸餾，或者更時髦的選擇（就用 BBQ 雞肉披薩代表），即柱式蒸餾。蘭姆酒和伏特加一樣，就好比是 50/50 披薩[3]，沒有硬性規定要用哪種蒸餾方式。實際上，兩種方式都有人採用。

一旦蒸餾出烈酒，就可以直接裝瓶成白蘭姆酒，或放入橡木桶中熟成為深色、金色蘭姆酒，甚至調味成香料蘭姆酒。無論是哪一種，都可以標示為蘭姆酒。

3　編注：50/50 Pizza。位於華盛頓特區的披薩餐車，客人以轉盤決定披薩價格是 99 分美元或 9.99 美元後，再自行選擇配料。

RHUM AGRICOLE & CACHAÇA
農業蘭姆酒及甘蔗酒

甘蔗的迷人表親

農業蘭姆酒
RHUM AGRICOLE

　　農業蘭姆酒跟蘭姆酒的製造方式有點不一樣——使用的是鮮榨的甘蔗汁而非糖蜜。法屬馬提尼克島在歐盟法規下擁有自己的產地標示，並規定只能使用島上 23 個指定地區的甘蔗所榨的汁來生產。馬提尼克的農業蘭姆酒分為三類：

* 白（Blanc）
  酒液透明無色，且陳放不超過 3 個月。

* 桶陳（Élevé sous bois）
  指陳放至少 12 個月的農業蘭姆酒。

* 陳年（Vieux）
  至少陳放 3 年的農業蘭姆酒。

　　值得注意的是，任何地方都可以製造農業蘭姆酒，生產農業蘭姆酒的一般蘭姆酒廠不在少數，但只有用馬提尼克當地甘蔗汁製造的，才需要遵守上述規範。

→這張早期的蘭姆酒廣告，見證了這種烈酒跨越時空的魅力。

甘蔗酒 CACHAÇA

　　甘蔗酒其實就是巴西的甘蔗烈酒，製造方式跟農業蘭姆酒差不多。美國是甘蔗酒的主要市場之一，但是直到 2013 年年中新法通過之前，所有甘蔗烈酒都被統稱為「蘭姆酒」。甘蔗酒不在蘭姆酒法規定義之內是因為有些甘蔗酒，在發酵階段使用了大麥麥芽之類的促進劑，因此過去在美國是標示為「巴西蘭姆酒」，不過經過製造商與巴西政府的遊說後，美國終於修法讓產自巴西的產品能標示為「甘蔗酒」，不再用「巴西蘭姆酒」的稱號。如今，甘蔗酒已穩踞巴西最受歡迎的烈酒寶座（也是托外國烈酒進口稅超高的福）。

　　早期甘蔗酒的生產，奠基於葡萄牙人十六世紀時在巴西建設的甘蔗園，原本就有高超蒸餾技術的葡萄牙人發現，無需多費氣力就可用發酵甘蔗汁製作出甜美可口的烈酒。

　　就像蘭姆酒一樣，甘蔗酒也有兩種：未陳年的（白）及陳年的（金色）。甘蔗酒在巴西境外之所以出名，主要歸功於它是調製卡琵莉亞雞尾酒（第 116 頁）的材料之一，我們相信，這種雞尾酒正是享受甜美甘蔗酒的不二選擇。

卡琵莉亞

The Caipirinha

愛讀小說的人常會告訴你，翻拍自小說的電影永遠比不上原著。好萊塢光環、魅力四射的演員、平易近人的劇本，這些都是為了迎合大眾喜好，多數時候這一套是行得通的，由暢銷書改編的影片也會創下票房佳績。對我們來說，卡琵莉亞就是那本原著小說，而莫希多（Mojito）就是那票房破百萬、甜美又平易近人的改編電影。莫希多是以白蘭姆酒為基酒的經典調酒，在結構上與巴西卡琵莉亞（Brazilian Caipirinha）差不多，只不過加了蘇打水沖淡，又用薄荷柔和口味，並加入大量的糖來增加甜度。反觀卡琵莉亞，就是直截了當的版本。下面是作法。

作法

抓一把萊姆角丟進威士忌杯中，用搗棒搗出萊姆汁。倒入 50ml 甘蔗酒、一小茶匙糖漿，以及冰塊（碎冰或小冰塊），然後好好攪拌均勻。插上吸管，嗒答，就完成一杯超清爽、強烈、可口的雞尾酒，最適合在夏日酷暑中飲用。

颶風

The Hurricane

如果你恰好有一個裝滿了各式蘭姆酒的烈酒櫃，又不想只用它們來調潘趣酒（想知道我們對潘趣的建議，請見第 58 頁），從颶風雞尾酒著手準沒錯。跟往日情懷雞尾酒一樣，這款調酒出名到有以它命名的酒杯。

其實颶風雞尾酒就是將白蘭姆酒與深色蘭姆酒混合，再加上熱帶水果的果汁，如萊姆、鳳梨以及百香果等。如果你想簡單一點，不一定要用傳統有弧度的颶風杯，但杯子容量大一點會比較好。

在平底杯中裝滿冰塊，加入各 50ml 的深色蘭姆酒及白蘭姆酒，以及喜歡的熱帶水果汁。最好混入一些很甜的材料，比如調味糖漿之類的。差不多就這樣了，真的。理解這款雞尾酒最好的方法，就是把它看作使用了兩種蘭姆酒，而且是裝在酒杯裡的潘趣。

這款傳統調酒成形於 1940 年代的紐奧良，創作者是調酒師帕特・歐布萊恩（Pat O'Brien），當時用的是萊姆和百香果。它不但令水手們為之傾倒，也讓颶風與蘭姆酒的連繫更密切了。

這款調酒變化多端，有一家酒吧就調出了有自己特色的颶風。娜拉（NOLA，根據當地人的說法，是 New Orleans/Louisiana 的縮寫）是一家位於倫敦的酒吧，為了向店名前半致敬，酒單上有一區全是這款源自紐奧良的調酒，他們提供了五種不同版本的颶風，但不是所有版本都含有蘭姆酒。光是為了品嘗這一系列颶風調酒就值得一去。

行家會客室

» 尚・方索・古尼（Jean François Koenig）

模里西斯 | 梅迪恩酒廠（Medine Distillery）

梅迪恩酒廠位於模里西斯島上，由首席製酒師尚・方索・古
尼製造出陳放於不同類型酒桶中的蘭姆酒。他的新作
「Penny Blue」（第 123 頁）是與道格・麥基弗（Doug
McIver）合作的產物，結合了兩位專家的嗅覺與釀酒知識。
麥基弗來自貝瑞兄弟與路德公司（Berry Bros. & Rudd），
這家酒商位於倫敦的梅費爾（Mayfair），是世上最古老的
葡萄酒與烈酒商。

讓你的蘭姆酒與眾不同的秘訣是什麼呢？

「首先從蘭姆酒本身說起。我們在模里西斯製造蘭姆酒已經很多年了，但主要都是白蘭姆酒和淺色蘭姆酒。這是我們飲用的風格，把蘭姆酒用作調酒也是模里西斯的傳統。由於政策改變，我們在 1980 年代開始陳放某些蘭姆酒。由於酒體輕盈的蘭姆酒沒辦法熟成得很好，所以我們改為生產一款酒體較重的蘭姆酒，但是用較低的溫度和速度來蒸餾。」

熟成過程是如何進行的？

「我們決定要讓蘭姆酒熟成時並沒有前例可循，所以嘗試了不同的作法，比如用舊干邑桶、舊波本桶、舊威士忌桶……真的就是在摸索，我們還加進紅色水果和果乾，有些成品還真的很不錯。我們也發現了不同酒桶之間的具體差異。」

跟我們談談酒廠吧。

「我們酒廠也製造其他的酒，但是 Penny Blue 是真正以手工少量製作產品。酒廠位於模里西斯乾燥的西海岸，所以種出來的甘蔗糖分含量很高。降雨量少讓糖分更濃縮，因此我們有很豐富、很棒的原料可以蒸餾。我們的發酵程序比較特別，會在過程中隨時間推移加入糖蜜。」

你在釀製 Penny Blue 時秉持的精神是什麼？

「有人形容它是威士忌愛好者會喝的蘭姆酒，因為它收尾較乾

爽，風味平衡因此顯得較為成熟，因為它由一系列不同酒齡的原酒組成——從最年輕的 4 年到最老的 10 年。這關乎如何在那些已經能裝瓶上市的酒桶之間取得風味上的平衡，有些『明星酒桶』不需要陳放很久，酒液就已經相當成熟了。」

說說這裡的熟成環境。

「這裡的平均氣溫很高，我們的『天使份額』（第 23 頁）是一年 6％左右，幾乎是蘇格蘭威士忌的兩倍。我們有些木桶在高酒齡時表現出色，但大部分的巔峰期並不長，從 3 年、5 年到 8 年都有。」

請以三個（英文）字形容 Penny Blue。

「創新（innovation）、愉悅（pleasure）、歡樂（conviviality）。」

10款必試
蘭姆酒

説到怎樣才算是好的蘭姆酒,除了適用所有烈酒的準則外,其實沒有一定的規則。如果是要用來調酒,最好選用白蘭姆酒,或是也很常用的香料蘭姆酒。反之,如果想找一杯長期熟成的蘭姆酒,最好選口感平衡、不太甜也不太苦,酒體表現良好且酒精度適當的。從雪茄到甜點,好的蘭姆酒跟什麼都能搭,同時也是絕佳的開胃酒。

La Hechicera Fine Aged Rum
40% | 哥倫比亞

Riascos 家族在酒廠中混合來自加勒比海各區的蘭姆酒。這款特級陳年蘭姆酒柔和又不太甜,還經過好些時間的陳放,並採用索雷拉系統(Solera system)中酒齡 12 年到 21 年的蘭姆酒調製,也就是把不同年份的酒液裝在同個酒桶裡,所以每一瓶都會有些酒齡極高的酒。「La Hechicera」是西班牙文「魅惑女妖」之意,有著藍色封瓶蠟的酒瓶美得驚人,用來裝盛這位豐腴的蘭姆酒仕女,是再雅緻不過的搭配。

Maison Leblon Reserva Especial Cachaça
40% | 巴西

吉爾・莫勒(Gilles Merlet)是列布隆(Leblon)的創辦人兼首席釀酒師,他採用工藝製程,比如人工收割甘蔗,並在榨汁後 3 小時內進行加工。列布隆以銅製壺式蒸餾器分批少量生產,取得「手工蒸餾甘蔗酒」(Artesanal Cachaça de Alambique)的認證。這款酒在法國橡木桶中陳放長達 2 年,賦予它濃郁的烤橡木味。

El Dorado Special Reserve 15-Year-Old Rum
40% | 圭亞那

這間圭亞那唯一的蘭姆酒酒廠,因座落在鑽石農園(Diamond plantation)的三座木質蒸餾器而聞名。這款酒使用當地德麥拉拉糖提煉的糖蜜,加上潮溼的氣候,使得快速熟成的蘭姆酒豐富度遠超越實際酒齡。本款所用原酒至少都經過 15 年陳放,不過也提供其他酒齡的產品。

Santa Teresa 1796 Ron Antiguo de Solera Rum
40% | 委內瑞拉

自從 1885 年在歐洲取得銅製蒸餾器後，聖德蕾莎酒廠（Santa Teresa）產量大增成為委內瑞拉最傑出的蘭姆酒製造商之一。他們的蘭姆酒陳放於美國白橡木桶和法國利穆贊橡木桶中。這款產品以索雷拉系統調和而成，酒齡在 15 年左右。橫掃各大獎項的這支酒有著豐富的蜂蜜、香草香氣，同時帶有些微香料氣息。

The Kraken Black Spiced Rum
47% | 千里達及托巴哥

克拉肯（Kraken）引領香料蘭姆酒的新風潮，在調酒界有一群忠實的支持者。他們的靈感源自大海（還有比這更適合蘭姆酒的嗎？），品牌名稱取自外形如巨型烏賊的神祕海怪。這款酒由千里達及托巴哥的安哥斯圖拉酒廠（Angostura Distillery）生產，陳放時間在 1 至 2 年間，並加入肉桂、薑及丁香來調味。

Penny Blue XO Single Estate Mauritian Rum
44.1% | 模里西斯

品牌名 Penny Blue 源自模里西斯 1874 年發行的一款珍稀、搶手的郵票。這是梅迪恩酒廠的尚·方索·古尼與貝瑞兄弟與路德公司的道格·麥基弗合作的產品，少量生產，首次發行時僅有 3,444 瓶，散發柑橘、香草及浸漬在糖漿中的熱帶水果味。

Novo Fogo Silver Cachaça Orgânica
40% | 巴西

Novo Fogo 是家族式經營的生態友善酒廠。他們將目標放在新興蓬勃的出口市場，尤其是美國地區。沒有經過桶陳的甘蔗酒常常顯得粗澀，但他們清澈的甘蔗酒則十分順口。這款產品是在大型不鏽鋼酒槽中陳放 1 年，為酒液添上一抹滑順的餘韻。

Rum Sixty Six Family Reserve
40% | 巴貝多

這款酒產於傳奇性的四方酒廠（Foursquare Distillery），由糖蜜小批量蒸餾而成，一次只產大約 110 桶，且至少陳放 12 年。所用原酒由柱式蒸餾器，與較具工藝感的銅製壺式蒸餾器出產，口感豐富帶有果味，風味得益於在美國白橡木桶中快速熟成。酒名中的「66」取自巴貝多脫離英國獨立的 1966 年。

Brugal 1888 Ron Gran Reserva Familiar Rum
40% | 多明尼加共和國

位於普拉塔港（Puerto Plata）的布格公司（Brugal & Co）生產許多不同的蘭姆酒，其中最具開創性的則是這支酒，1888 正是酒廠推出首款陳年蘭姆酒的年份。有部分酒液是在雪莉桶中熟成，因此擁有馥郁的果香。裝瓶也十分講究，有需要的話，瓶口帶有厚重金屬的軟木塞應該可以拿來防身！

Neisson Rhum Agricole Blanc
55% | 馬提尼克

屬於家族企業的內松酒廠（Distillerie Neisson）成立於 1931 年，是馬提尼克極富名望的農業蘭姆酒製造商，擁有 34 公頃的甘蔗田。為了使口感圓潤，內松的酒都要在鋼製酒槽中陳放 3 個月以上，沒有製成白蘭姆酒的都要放入橡木桶中熟成，成為不同年份的酒款。至於白蘭姆酒則甜美順口，隱約有糖霜和香草風味。

WHISKY 威士忌

穀物酒之王

烈酒名稱	詞源 / 發源地	顏色	主要 生產國家	全球 熱銷品牌	主要成分
Whisky。愛爾蘭和美洲地區拼作 Whiskey。這個字據信是來自於蓋爾語 uisge beathe，意為「生命之水」。	歷史學家對此有諸多爭論。比較可能的說法是，由十二世紀愛爾蘭的修士開始製作，經由愛爾蘭海傳入蘇格蘭。	從淺金色到鮮明的栗子色。顏色取決於酒桶的種類和在桶中熟成的時間。	美國、加拿大、蘇格蘭、愛爾蘭、日本、澳洲、中歐，以及印度。	— Johnnie Walker — Jack Deaniel's — Canadian Club — Glenfiddich — Glenlivet — Chivas Regal — Jim Beam — Maker's Mark	蘇格蘭威士忌是以大麥麥芽經過發酵和數次蒸餾後，在橡木桶中熟成。美國威士忌則是用玉米、小麥，以及裸麥。

威士忌

穀物酒之王

你可能喜歡或甚至熱愛威士忌，但到底什麼是威士忌？整體來說，烈酒已經是個龐大、多樣化的部門，而威士忌作為烈酒的子類別，在多樣性及吸引力上卻是不遑多讓。所以，說到威士忌，該從何談起呢？這個嘛，在開始講解生產方式、熟成和調和之前，我們需要先搞清楚一件事——拼法。

要 E 還是不要 E

究竟是「whiskey」還是「whisky」？到底要不要加「e」取決於你身處的地區。一般說來，蘇格蘭的威士忌不加「e」，諸如瑞典、日本和印度所製造的單一麥芽威士忌也不加。蘇格蘭威士忌向來給人頂級的印象，對其他想與之保持一致的國家來說，不論是蘇格蘭威士忌產業的產值，或是產品名稱拼寫方式，都是促使他們競逐相同消費群體的原因。拼法中有「e」的威士忌，通常來自愛爾蘭或美國，但也有像美格（Maker's Mark）或貝爾柯尼斯德州單一麥芽威士忌（Balcones Texas Single Malt Whisky）這樣的例外（第151頁）。

但真正的重點在於不要太過在意這個問題，一切只是拼法差異，重要的是杯裡有威士忌，而不是威士忌裡有沒有「e」，正如同「flavour」（風味）這個字，重點不在有沒有「u」[1]，而是到底有沒有風味。為了使用方便，起碼為了節省墨水，這個章節將採用「whisky」這個拼法，除非談的是愛爾蘭或美國威士忌。

整體而言，威士忌是指任何以穀類產品為原料，經過蒸餾後在橡木桶中熟成的烈酒。和所有烈酒一樣，威士忌原料不盡相同，且常與威士忌產地以及酒廠所在地傳統種植的作物有關。

1　編注：「flavour」是英式拼法，美式拼法沒有「u」。

蘇格蘭

威士忌的故鄉

讓我們從公認為威士忌故鄉的蘇格蘭談起吧。在蘇格蘭，麥芽和穀物威士忌這兩種不同的威士忌種類，是由兩種不同的原料製成。不管是麥芽還是穀物威士忌，都需要在橡木桶中陳放至少 3 年，才能成為符合法規的威士忌。桶陳是為了給烈酒時間熟成，以增添風味和色澤。蘇格蘭的環境很適合長期熟成，長年的低溫意味著，比起其他威士忌生產國，蘇格蘭威士忌的天使份額（見第 23 頁）比較少。蘇格蘭天使顯然是最懶的！蘇格蘭威士忌在威士忌世界的尊崇地位，靠的就是這緩慢的熟成過程。

酵母的速食
——發麥

　　發麥過程對威士忌來說非常重要！酵母必須分解糖才能製造出酒精，而許多不同的穀物都含有糖，只不過通常是以較複雜的澱粉形式存在，因此酵母較難加以分解。發麥就是將藏在其中的澱粉變成鏈結較短、較單純的糖，以利酵母分解。大麥是製造麥芽的最佳穀物，透過創造適合大麥生長的環境，便能進行發麥。這種環境通常得溫暖、潮濕，不過關鍵還是時間，因為如果不適時中止，繼續生長的大麥就會將糖分消耗殆盡。經由加熱大麥到一定程度，我們得以中止發芽過程，使大麥停止生長。烘乾大麥之後，會留下充飽糖分的迷你手榴彈，給酵母大快朵頤。

麥芽威士忌

　　第一種，可能也是全世界最出名的威士忌，即為單一麥芽威士忌。它的原料僅有三樣：水、大麥、酵母，並且要在單一酒廠以銅製壺式蒸餾器進行蒸餾（第20頁）。有時候，這些威士忌用的大麥會先以泥煤燻烤過，使得威士忌帶有泥煤風味，消費者對這種威士忌的接受度十分兩極：極愛，或是極厭惡！艾雷島、斯凱島（Skye）和奧克尼群島（Orkney）是最知名的泥煤威士忌產地，諸如拉弗格（Laphroaig）、雅柏（Ardbeg）、大力斯可（Talisker），和高原騎士（Highland Park）等，皆以製造泥煤味顯著的威士忌著稱；以拉弗格來說，它的威士忌帶有特殊的藥水味。至於未經泥煤煙燻的蘇格蘭單一麥芽威士忌，全世界最暢銷的兩大品牌——格蘭利威（Glenlivet）和格蘭菲迪

（Glenfiddich），都散發一抹輕盈的新鮮果香及更加順口的麥芽甜味。蘇格蘭的單一麥芽威士忌蒸餾廠多不勝數，造就其多樣化的風味，然而對大部分蒸餾廠來說，單一麥芽威士忌並非他們的銷售主力，因為大多數的單一麥芽威士忌蒸餾廠存在的目的，是為了供應調和威士忌（blended whisky）。

調和及穀物威士忌

　　一如其名字所示，調和威士忌混合了多種單一麥芽威士忌，或是蘇格蘭另一種主要威士忌產品——穀物威士忌。穀物威士忌是在較大的廠房，以巨型柱式蒸餾器（第21頁）生產，任何穀物皆可作為原料，成品風味會比麥芽威士忌更甜、更輕盈。雖然單一穀物威士忌不如單一麥芽常見，受歡迎的程度卻直線攀升，部分原因是單一麥芽愈來愈稀有，價格水漲船高，另外則是，大家發現它其實頗為易飲。

　　儘管與調和威士忌相比，蘇格蘭單一麥芽威士忌的銷量相形見絀（前者占全球蘇格蘭威士忌銷售的92％），但這反而讓蘇格蘭大部分的單一麥芽威士忌蒸餾廠得以生存，因為像約翰走路（Johnnie Walker）、起瓦士（Chivas Regal）和順風（Cutty Sark）等全球知名品牌，在助長威士忌在全世界銷量的同時，也擴大了進階威士忌飲用者的消費市場，使酒廠得以銷售單一麥芽產品。所以，聽到有人批評調和威士忌時不妨曉以大義，讓他們少說話、多喝酒。

> 大麥在發麥芽時需要熱度，通常會燃燒泥煤來加溫，也為威士忌增添了一股藥水味。

蘇格蘭單一麥芽威士忌產區

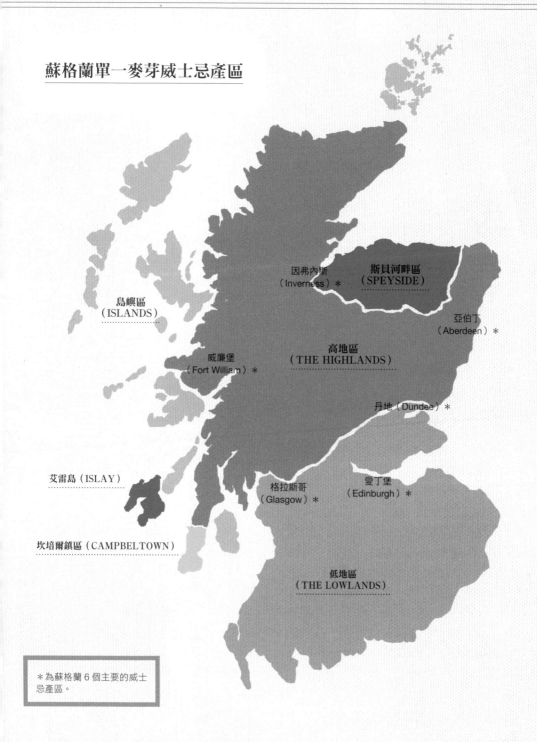

島嶼區
（ISLANDS）

因弗內斯
（Inverness）＊

斯貝河畔區
（SPEYSIDE）

亞伯丁
（Aberdeen）＊

威廉堡
（Fort William）＊

高地區
（THE HIGHLANDS）

丹地（Dundee）＊

艾雷島（ISLAY）

格拉斯哥
（Glasgow）＊

愛丁堡
（Edinburgh）＊

坎培爾鎮區（CAMPBELTOWN）

低地區
（THE LOWLANDS）

＊為蘇格蘭 6 個主要的威士
忌產區。

美國
養育威士忌的家園

雖然許多人認為波本威士忌是美國土生土長的烈酒，其豐富芳醇的歷史實際上可回溯到二百多年前的歐洲移民，以及孕育、施行於蘇格蘭、愛爾蘭（甚至是威爾斯）等地的蒸餾技術。毫無疑問，波本與蘇格蘭、愛爾蘭威士忌一樣有豐富的文化傳承，也同樣經歷過喜好度與消費量的起落。最早在波本郡（Bourbon County，取自在獨立戰爭援助美國擊潰英軍的法國波旁王朝）生產威士忌的先驅之一，是移民自威爾斯的伊凡・威廉斯（Evan Williams）。根據記載，美國威士忌界另一位名人傑克・丹尼爾（Jack Daniel）的祖父母也分別來自威爾斯及蘇格蘭。

隨著波本郡聲名大噪，傳說也愈來愈多。相傳節儉的牧師伊萊亞・克雷格（Elijah Craig）將波本威士忌存放在用過的木桶中，並且會先把木桶內壁烤焦，以去除先前內容物所留下的痕跡。隨著威士忌銷往美國各地，眾人漸漸發現這焦化程序能讓酒質更加滑順香醇，酒液也染上濃郁的深褐色。這種傳統手法幾經波折，終於在 1936 年列入美國法律規範，規定波本威士忌只能用全新的內壁焦化木桶。用完的木桶大多會被運到蘇格蘭，用來盛裝單一麥芽蘇格蘭威士忌，賦予它們類似的水果和香草氣息。（酒桶的使用方式見第 140 ～ 141 頁）

蒸餾傳承

波本通常會蒸餾兩次，主要使用柱式蒸餾器，少數酒廠會用與蘇格蘭類似的壺式蒸餾器，比如肯塔基的渥福酒廠（Woodford Reserve Distillery）即為一例。酒廠間最重要的差異之一（大部分美國波本酒商聽到這裡就會豎起耳朵），在於用來製作發酵麥醪的酵母菌株。

不少波本酒廠都精心保有不同的酵母菌株，有些可以回溯到很久以前。四玫瑰（Four Roses）的首席製酒師吉姆・拉里吉（Jim Rutledge）曾追蹤不同酵母為烈酒成品帶來的不同風味，也正是這股狂熱讓今日的波本酒廠與過往、先人建立起聯繫，同時也確立了一個事實：美國蒸餾文化五彩繽紛、生機勃勃，生產的烈酒不只品質絕佳，且個性鮮明。

不同酒廠之間的古典柱式蒸餾器高度可能差異很大。

波本的混搭

那麼波本是如何製造的？好吧，肯定跟蘇格蘭威士忌有點不同。首先，它的基本成分通常是由三種穀物組成：玉米、裸麥及大麥麥芽。這個組合稱作「穀物配方」（mash bill），就像人的 DNA，每款波本的穀物配方都不盡相同。每種穀物若能達成完美平衡，就會創造出圓潤又層次豐富的烈酒，能夠品嚐出每種穀物獨有的特殊風味。

玉米

這是波本威士忌穀物配方中的主要成分，根據法規，配方中的玉米含量必須超過 51％。玉米除了能產生更多酒精，還能賦予酒液一種獨特的甜味……甜玉米可不是浪得虛名啊！數十年來，玉米威士忌都是私釀者的專屬領域，他們會將未經陳年的淺色烈酒裝在果醬罐裡低價販售，如今單一玉米威士忌因其獨特甜味而愈來愈受調酒師歡迎，尤其是貝爾柯尼斯酒廠（第 138 頁）老闆奇普・泰特，生產了多款出色的陳年玉米威士忌，大大推進了此類烈酒的發展。

裸麥

這是波本威士忌風味的主要來源，賦予穀物配方一種乾爽，帶胡椒、辛香料感的基調。若是吃過裸麥麵包，就會知道波本中特殊的溫暖調性源自何處。若裸麥用得太多，威士忌的風味就會變得不均衡，過去曾有美國酒商高明地運用這一點，推出凸顯裸麥風味的威士忌，這種美式威士忌生產方式目前極受青睞，因為它鮮明、大膽、獨特的味道，不管是調製經典美式威士忌雞尾酒還是加冰塊啜飲，表現都十分出色。

大麥麥芽

大麥麥芽能幫助所有風味融合為一，它本身則會賦予烈酒豐醇的麥芽味。隨著美國工藝酒廠快速激增，愈來愈多人用大麥麥芽來釀造美國單一麥芽威士忌（法律上不歸類為波本威士忌）。這種威士忌與蘇格蘭威士忌有類似的特質，但因陳放的環境條件不同（通常溫度會高得多），而發展出前所未有的風味特徵。

其他穀物

有些酒廠，例如極受歡迎的美格（Maker's Mark），會使用小麥來為波本增添額外的綿密口感，但可用的選項絕不僅止於此。某些實驗風格強烈的酒廠開始採用極為小眾的穀物來蒸餾：蕎麥、單粒小麥（einkorn）、小米、薏仁以及藜麥；這些穀物都有可觀的酒精產量，有時甚至會帶出極為狂野的風味。

愛爾蘭
東山再起的強權

　　愛爾蘭曾聚集了大批威士忌製造商，但在美國禁酒令時期受到重創，如今隨著島上小型蒸餾廠如雨後春筍般出現，威士忌的生產再度復甦。

　　布希米爾酒廠（Bushmills Distillery）座落在北愛爾蘭最北邊的巨人堤道（Giant's Causeway）附近，在它的帶領下，愛爾蘭單一麥芽威士忌愈來愈受歡迎，然而愛爾蘭威士忌真正的巨頭卻是南方的米爾頓酒廠（Midleton）。

　　米爾頓使用巨大的銅製壺式蒸餾器，以含大麥及大麥麥芽的混合穀物配方製造不同種類的威士忌。這間酒廠的蒸餾器如此之龐大，意味著蒸餾出的酒心其風格和風味都有所不同，加上在不同類型木桶中長短不一的熟成時間，結果就是密爾頓可以生產出不同類型的「單一壺式蒸餾威士忌」，風味特徵皆各異。除此之外，他們也能生產穀物威士忌和調合威士忌，如廣受歡迎的尊美醇（Jameson）愛爾蘭調合威士忌、琴酒和伏特加。

　　這兩家酒廠有一項共同之處——威士忌都經過三次蒸餾，不像蘇格蘭威士忌只蒸餾兩次（格拉斯哥附近的歐肯特軒〔Auchentoshan〕是顯著的例外）。如果你問蘇格蘭製酒師為什麼會這樣，他八成會嘲笑道：「愛爾蘭人需要做三遍才能搞對，我們只需要兩次！」事實是，三次蒸餾能讓酒的口感更輕盈，不僅熟成效果好、易於飲用，同時也適用於調製雞尾酒。

日本
東興的旭日

　　假想一下在蘇格蘭推銷日本威士忌的銷售員，在過去二十年間要面臨的情況。他的工作就像「運煤到新堡」[2]這句諺語一樣，幾乎是白費工夫，尤其是要在洋溢著優越感的本國市場銷售引發高度爭議的商品，更是難上加難。儘管如此，這位推銷員仍堅持不懈，幾年下來日本威士忌穩定地成長，從一開始狹隘的利基定位，成長廣為國際所接受且屢次獲獎的烈酒。日本威士忌無疑是同類商品中的成功案例，其風味的特殊性也太過重要，絕對不容錯過。

　　日本製作威士忌的歷史，可以追溯到1920年代初的兩位先驅：滿懷熱忱的竹鶴政孝（Masataka Taketsuru）及鳥井信治郎（Shinjiro Torii）。為了揭露並帶回製作蘇格蘭威士忌的秘密，製作出日本第一瓶威士忌，竹鶴曾赴蘇格蘭學習有機化學，他在赫佐本酒廠（Hazelburnt Distillery）考察了一段時間，瞭解蒸餾運作的複雜過程，以及威士忌的整體風味來源。這樣算不算商業間諜呢？也許吧。他的堅持最終獲得了回報，

揚鑣時所創，旗下有余市（Yoichi）和宮城峽（Miyagikyo）兩間蒸餾廠。這兩大集團都著眼於製作口感濃烈的單一麥芽威士忌，不但表現出獨特的果味、香氣及些微辛香氣味，少數甚至有泥煤味，一如蘇格蘭艾雷島的威士忌。

調和威士忌也是日本國內的烈酒大宗，有幾個品牌極適合「高球」（Highball，加透明冰塊與優質的礦泉水）或「水割」（Mitsuwari，加無氣泡礦泉水）這種緩慢悠閒的喝法：響（Hibiki，即便沒機會喝，也務必上網搜尋它的瓶身設計）、角瓶（Kakubin），和日果的「FROM THE BARREL」。討厭威士忌「烈酒感」的朋友們，這些簡單的飲品肯定會讓你們改觀——喝起來真的不一樣喔！

主導今日市場的除了這些領導品牌，還有四間生產不同風格、特質威士忌的酒廠，其中最有意思的是 2008 年肥土伊知郎（Ichiro Akuto）成立的秩父酒廠（Chichibu Distillery，第 142 頁），以及經營位於兵庫縣西南部白橡木酒廠（White Oak Distillery）的江井ケ嶋公司（Eigashima），他們生產威士忌的歷史都和山崎酒廠差不多。

儘管與大廠相比顯得勢單力薄，這些小型酒廠已經開始在市場上取得突破，而且由於現今的零售商水準愈來愈高，買到日本威士忌的機會也增加了。在我們看來，它們與蘇格蘭產的相比不僅毫不遜色，某些情況下（噓，小聲點）甚至可能還要好上那麼一點。

1923 年他與鳥井合作，建立了日本第一座威士忌酒廠，也就是今日座落在距京都不遠的山崎酒廠。雖然山崎的氣候比赫佐本酒廠所在的坎培爾鎮區暖和些，但還是有相似之處，且當地環境十分適合讓威士忌在木桶中緩慢熟成。

一場製酒革命就此展開。日本威士忌在過去九十年間逐漸成氣候，兩大領導品牌分別是三得利（Suntory）及日果（Nikka），前者旗下有山崎和白州（Hakushu）兩家蒸餾廠，後者則是竹鶴於 1934 年與鳥井分道

↑曾遠赴蘇格蘭取經的竹鶴政孝，常被尊為日本威士忌教父。

←愛爾蘭米爾頓酒廠出了名的巨大銅製壺式蒸餾器。

2　原文是「Carry coals to Newcastle」，新堡自中世紀以來就是產煤中心，因此是在暗喻徒勞無功。

其他威士忌生產國

　　生產威士忌可不是前述四個國家的專利。拿一張世界地圖跟一盒圖釘來，我們估計，要標出所有生產威士忌的地方（從澳洲到瑞典再到台灣），大概會用到 27 顆圖釘。不過，雖然都叫威士忌（無論有沒有「e」），每個地區的生產過程、原料、木桶類型，以及烈酒成品所需的熟成時間都不同。以奧地利維菲勒羅根霍夫工藝酒廠（Waldviertler Roggenhof）為例，約翰・海德（Johann Haider）首創採用新的曼哈堡橡木酒桶，使得產出的裸麥麥芽威士忌有種特別的甜味和樹汁香氣。某些傳統派人士永遠無法接受這類威士忌，因為它們太過偏離一般認知中的經典口味，但對其他人來說，這類威士忌為看似無趣、過時又難以親近的威士忌，開啟了一扇有趣的窗口。

威士忌在印度很受歡迎，不過要注意，並非所有印度威士忌都是以穀物釀製的。

印度
興起的威士忌邊疆

在光譜的另一端是印度。令人驚訝的是，印度是全球消費威士忌最多的國家，不過那裡喝到的威士忌，除了少數幾個一流的品牌如 Amrut 和 Paul John 單一麥芽威士忌以外，多數都不能歸類為我們所熟知熱愛的威士忌，它們的風味特徵更像甜美的蘭姆酒，因為原料不是發芽穀物，而是糖蜜。可怕的事實：如果將印度四大威士忌酒廠的銷售數字相加，足以比下整個蘇格蘭威士忌在全世界的銷量。然而由於歐洲和美國都有規範威士忌製造程序的法規，你不太可能看到這些品牌怪獸出現在本地商店的貨架上。

可以確定的是，印度這複雜市場對所有類型的威士忌皆來者不拒，而且隨著品味及口味日益提升，在我們摯愛產品的全球復興中，印度將成為極重要的一環。

5個
威士忌
小知識

＊蘇格蘭威士忌的拼法是沒有「e」的「Whisky」，而愛爾蘭和美國則基本上都會寫作 Whiskey」。

＊威士忌陳放過程中喪失的酒液稱為「天使份額」，其比例因地而異，可以從蘇格蘭的每年 2%，到印度和美國等較溫暖地區的每年 10%。

＊約翰走路是全世界銷量最好的蘇格蘭威士忌品牌。

＊根據 2016 年統計資料，法國蘇格蘭威士忌消費量雖為世界第一，但總金額僅約美國的一半。

＊印度威士忌通常不以大麥麥芽、玉米或裸麥為原料，而是用糖蜜加上大麥麥芽或其他穀物的混合物，因此更像蘭姆酒而非威士忌。

行家會客室

» 奇普・泰特（Chip Tate）

美國德州威科市（Waco）｜貝爾柯尼斯酒廠（Balcones Distellery）

....

貝爾柯尼斯酒廠成立於 2008 年，在美國的新興工藝烈酒
領域聲譽卓著。奇普專門釀造以藍玉米為原料的威士
忌，藍玉米是十分特殊的穀物，在以往是很難用來進行
蒸餾(關於貝爾柯尼斯的單一麥芽威士忌參見第151頁)。

貝爾柯尼斯酒廠有何與眾不同之處？

「我想很多事都有影響，其中之一是『量身訂做』的設備；為了生產非常特別的蒸餾液，所有設備都是我們自己建造的。最重要的因素或許是我們的方法；我們嘗試重組傳統的概念及方式後，應用它們來生產創新獨特的成品，例如『硫磺』（Brimstone）威士忌的煙燻製程（以德州矮橡木燻製烈酒，不過細節是機密），或是貝爾柯尼斯的獨特烈酒『轟隆』（Rumble），既非蘭姆酒、白蘭地、威士忌，也不是蜂蜜酒）的獨特組合——無花果、蜂蜜和糖。」

你製作新式烈酒的核心理念是什麼？

「我們的目標，是用新穎有趣的方式將味道結合起來，但也要避免為了創新而創新。我們一直在嘗試創造新式烈酒，但得是『偶然』的創新，是百年前也做得出來的那種。」

經營酒廠後，你最大的發現為何？

「我想我領略到在威士忌領域中，人們對嘗鮮的興趣既深又廣。雖然有很多大廠生產非常傳統而傑出的威士忌，但只有

我可以在週一想到新點子，在週末前就付諸實行。我想，這就是創新與工藝烈酒關係如此密切的原因之一。」

請以三個（英文）字總結貝爾柯尼斯。

「品質（quality）、創新（innovation）、道地（authenticity）。」

威士忌與木材

—

天作之合

無論身在何處，說到製造優質威士忌，有一件事是一致的，那就是要選擇品質最優異的木材。威士忌是一種深色烈酒，也就是說，它比本書提到的其他烈酒，更加仰賴橡木桶來增色和添加風味。這些用來讓威士忌熟成的木桶可以重複使用，只有美國波本威士忌例外。波本必須使用全新橡木桶（處女桶），並且僅能使用一次。

殘留風味

木桶每使用一次，它能賦予烈酒的風味就越少，你可以把木桶想像成茶包，每泡一次味道就更淡。我們繼續以茶包比喻，因為內容物同樣重要。如果是英式早餐茶包，你的茶就會是那個味道，如果是來自遠東的異國綠茶，茶杯中的味道便截然不同了。這個道理不言而喻。由於橡木是有微小導管及葉脈的多孔材料，用它來填裝任何物質時，橡木會吸飽填裝物，並少量儲存在木頭裡。

除了波本，世界各地的威士忌製造商大概都會使用用過的木桶，通常是裝過波本或歐洲產品（雪莉酒、波特酒或葡萄酒）的木桶。舉例來說，若使用舊的雪莉桶，威士忌就會有濃郁的果乾味。一般說來，波本桶會為隨後填裝的酒液帶來香草和白色花卉的調性，與新鮮橡木桶中的波本酒有所不同，新

鮮橡木桶會帶來濃烈的新鮮香草莢、單寧、木質香料與乾爽風味。

木材類型

另一種能增添威士忌風味的元素，是所使用的木材類型。蘇格蘭地區只使用橡木桶，橡木來源通常是美國或歐洲。美國橡樹長得比歐洲橡樹還挺直，紋理更緊密，能釋出到烈酒中的木頭風味較少，酒桶先前填裝物的影響也較弱，結果就是先前提過較為輕盈的威士忌。反之，歐洲橡木因較為疏鬆，會賦予桶中威士忌更濃郁、強勁的風味。

常有人用不同類型的橡木（如北歐或波蘭）來試驗熟成效果，在歐洲和美國的傳統橡木品種之外，日本的水楢木是絕佳選擇，不僅日本酒廠，蘇格蘭酒廠也會使用。水楢木矮小又不挺直，特別難製成木桶，使得在這些稀有木桶中陳年的威士忌價格不菲。

尺寸很重要

「木桶管理」（wood management，酒廠術語）的最後一個層面，是使用的酒桶尺寸。簡單來說，裝在小木桶的烈酒熟成速度會比大木桶中的來得快，因為表面積占烈酒的比例較高。讓我們回到茶包的比喻：茶壺比較大就需要更多茶包才能給水添味。

　　蘇格蘭法律規定，容量超過 700 公升的酒桶不能用於熟成烈酒。由於威士忌至少需要熟成 3 年以上才能被稱作「蘇格蘭威士忌」，使用小木桶意謂著烈酒熟成很快，可能會導致風味在酒齡足以稱為威士忌前便已被破壞。

　　現在有些美國和蘇格蘭公司，開始販售裝填著新釀烈酒的 1 至 25 公升小酒桶，以便消費者可以「自家熟成」。雖然用這種方式觀察烈酒熟成挺有趣，然而這些威士忌熟成很快，最終喝起來味道往往很糟糕。

→ 威士忌產業中最基層的工作：正在辛勤烘烤木桶的桶匠。

各種尺寸的酒桶

高地牛
平均高度：1.8M

| Qrarter 四分之一桶 125L | Barrel 美國標準桶 200L | Hogshead 豬頭桶 250L | Puncheon 短柱桶 320L | Pipe 管型桶 480L | Butt 大肚桶 500L |

行家會客室

» 肥土伊知郎（Ichiro Akuto）

日本｜秩父蒸餾所（Chichibu）

肥土家的製酒歷史可追溯到十七世紀，而伊知郎是這個日本老字號酒廠的第廿一代傳人。伊知郎十多年來一直是日本工藝威士忌界的要角，他廣為人知的原因，不僅是因為買下傳奇的羽生蒸餾所（Hanyu Distillery，可惜現已關廠）設備及存酒，也由於他是日本新興威士忌酒廠秩父蒸餾所的創辦人（見第 150 頁）。

秩父蒸餾所的獨特之處為何？

「三件事：首先是允許我依據個人需求從頭打造
自有酒廠的獨特機緣；其次，是與我共事者的熱
情；最後，是我們回歸基本的威士忌釀造方
式——從碾麥到蒸餾的一切，都在同一廠房內完
成。」

你製作新式烈酒的核心理念是什麼？

「我很清楚日本威士忌的名氣愈來愈大，我的核
心理念都是立基於全球市場，所以覺得現在獲得
的關注比二十年前製酒時多得多了。我努力尋找
最好的原料，並以正確的方法做事，以便能延續
其他成功品牌的腳步。」

經營酒廠後，你最大的發現為何？

「這個嘛，製作威士忌的核心程序都是固定的，
比如發酵和蒸餾，我能夠實驗的是其他方面，包
括嘗試地板發麥（floor maltings）、與農人合作
種植本地大麥，或是尋找以日本橡木製作的酒桶
和發酵桶（washbacks）。」

請以三個（英文）字總結秩父蒸餾所。

「廿 一 代 創 新（Twenty-first generation
innovation）。」

美味又簡單的威士忌雞尾酒

對於威士忌老饕來說，威士忌調酒是諸多爭論的來源，比方說，究竟是把長期熟成的陳年單一麥芽威士忌與甜威末苦艾酒、苦精和一堆冰塊混成一杯飲品，還是以精進為名打破不成文的規矩在經典酒譜中加新料，更會遭天譴？老實說，這些規矩在這裡都不適用。我們才不在乎下面要介紹的這款雞尾酒是否冒犯了某人的味蕾，因為它們的味道一級棒，而且在家裡也能很簡單地調製出來。

經典波本薄荷朱利普
Classic Bourbon Mint Julep

薄荷朱利普是以波本為基底的經典雞尾酒之一。它起源於南方的維吉尼亞州，大概跟當地盛產波本威士忌有關。薄荷朱利普歷久不衰的關鍵，恰恰在於它的簡潔——只需要四種材料便能調製。

材料

2 茶匙的砂糖或糖漿

4 枝新鮮薄荷葉，外加 1 枝裝飾用

2 茶匙的水（如果使用糖漿則不需要這項）

40ml 的優質波本酒（我們用 Wild Turkey 101，效果很好）

作法

將糖、薄荷、水及一些碎冰放入可林杯中壓擠。加入波本和更多碎冰一起攪拌，最後在上方用薄荷裝飾。飲用前插上吸管，配上迷死人的微笑，絕對讓你無往不利。若要讓這款調酒喝起來帶點果味，可以用幾茶匙黑櫻桃果醬來取代糖。

煙燻威士忌版血與沙——泥媒鹿

—

Peated Blood & Sand – AKA Hart Peat

這款調酒得名於 1922 年英俊小生魯道夫・范倫鐵諾主演的同名電影《血與沙》（*Blood & Sand*），通常是以蘇格蘭調和威士忌為主角。曾經有人請我們設計調酒來搭配一頓特別的印度餐，在鹿肉餐點的部分，我們決定改造這款出色又清爽的雞尾酒小生。這裡使用的單一麥芽蘇格蘭威士忌，是樂加維林酒廠限定版（Lagavulin The Distillers Edition，以其和諧呈現泥煤煙燻味和香甜油潤的佩德羅希梅內斯[3]雪莉風味聞名）。我們把最後的成品命名為「泥媒鹿」，向廚師辛苦準備的多汁香辣鹿肉致意。希望與其「老天（Oh dear）」，不如「多點鹿肉（More roe deer）」……

材料

25ml 的樂加維林酒廠限定版威士忌

25ml 的現搾血橙汁

12.5ml 的櫻桃白蘭地

20ml 的卡爾帕諾酒廠（Carpano）的老配方威末苦艾酒（Antica Formula）

裝飾用的薄荷葉

作法

將材料放入裝滿冰塊的雪克杯裡，大力搖盪直到你眼冒金星或耳邊響起狩獵號角聲為止。濾入冰鎮過的高腳銀杯（如果有的話）中，並用單片薄荷葉裝飾。

3　編注：Pedro Ximénez，西班牙的釀酒白葡萄品種。

玫瑰之王

—

King of Roses

這份酒譜是我們厚顏無恥地從倫敦一間極好的酒吧卡西達[4] 照抄過來的。只要客人超過 20 位就會塞爆的卡西達，完全不是一般人印象中的酒吧。但如果你擠進去了，就請酒保奧斯卡（Oskar）幫你調一杯玫瑰之王吧，包管你再也不想離開。

材料

50ml 的四朵玫瑰（Four Roses）波本酒

25ml 的 King's Ginger 利口酒

50ml 的現搾柳橙汁

25ml 的現搾檸檬汁

作法

將所有材料跟冰塊一起倒入雪克杯（想增加甜度就加 1 注薑餅糖漿），搖盪後同時用隔冰器及濾網來雙重過濾，倒入小的碟形香檳杯中。

4　編注：Casita，已於 2016 歇業。

10 款必試威士忌

要從全世界眾多優秀威士忌這一串長長的名單中選出十款來推薦,簡直是不可能的任務。經過我們多番爭論、調整,終於同意以下十款,不論它們產自何處,都是製作威士忌的絕佳典範:舉例來說,名單中有蘇格蘭、愛爾蘭、美國、日本,及其他較少見的威士忌產地。

Redbreast 15-Year-Old Single Pot Still Irish Whiskey
46% | 愛爾蘭

Redbreast 系列是科克郡米爾頓酒廠的單一壺式蒸餾威士忌之一,最近又增加了 12 年、15 年、21 年的酒款。其中這款 15 年的版本將愛爾蘭威士忌製造工藝帶入新境界,雖然風味濃郁,卻很容易入口。

Ichiro's Malt Chichibu the First Single Malt Whisky
61.8% | 日本

日本威士忌領航者之一的肥土伊知郎在 2008 年創立的這間酒廠,現已走向成熟。這款酒是首批正式以 3 年酒齡裝瓶的威士忌,但其複雜性、平衡度和口感遠勝於實際熟成時間。美妙濃郁的麥芽基調之上,是爭相怒放的蜂蜜、輕盈花香、香草及果園調性。

Kilchoman Machir Bay Islay Single Malt Scotch Whisky
46% | 蘇格蘭・艾雷島

齊侯門酒廠(Kilchoman,2005 年)是艾雷島 124 年來第一間新蒸餾廠。這支酒是酒齡 4 年與 5 年威士忌的完美聯姻,在波本桶和雪莉桶中熟成,風味遠超乎預期。鼻息間複雜的煙燻、烤棉花糖和淡淡香草氣息,導出味蕾上香甜滑順的果味和馥郁的煙燻味。

George T. Stagg Single Barrel 15 Year Kentucky Straight Bourbon Whiskey
72.4% | 美國・肯塔基州

這支少量生產的波本威士忌十分搶手,香草、酸

櫻桃和黑巧克力，混著烤橡木及帕爾馬紫羅蘭的香氣，其風味複雜、精緻又帶著果香，猶如波本中的猛獸，在杯中吠叫咆哮著。水牛足跡酒廠（Buffalo Trace Distillery）的這支波本威士忌儘管名氣響亮，卻對內行人毫無妥協，令人驚豔。

Corsair Experimental Collection 100% Kentucky Rye Whiskey
46%｜美國‧田納西州

多數人認為「工藝」這個詞只是行銷手段，用來強調「手工」的性質，然而用工藝來形容戴瑞克‧貝爾（Darek Bell）2007年成立的品牌「海盜」（Corsair）絕不為過。這款百分之百裸麥威士忌喝起來有濃烈的辛香調、白胡椒、烤堅果味，以及灑上肉桂粉的BBQ豬肉香氣，與戴瑞克的其他瘋狂點子相得益彰。

Karuizawa 1983 Cask #7576 Japanese Single Malt Whisky
57.2%｜日本（已停產）

輕井澤（Karuizawa）在2000年結束營業時，留下了一批尚在熟成的威士忌。幸運的是，由於英國威士忌作家兼商人馬爾欽‧米勒（Marcin Miller）的介入，沒有一滴酒遭遇不測。這些威士忌宛如液體黃金，受到雪莉桶的影響，風味和諧、酒色深沉且乾爽，是終極的深夜威士忌。

Compass Box the Spice Tree Malt Scotch Whisky
46%｜倫敦、蘇格蘭

約翰‧葛拉瑟不僅是溫文儒雅的首席調酒師，還是一位煉金術士。成立於十多年前的威海指南針酒廠在蘇格蘭威士忌中選擇了最創新的風味，完美地平衡了木桶種類和酒廠特色，創造出極為特殊的調和威士忌。這款酒（想像肉桂、鮮紅色水果及濃郁的德麥拉拉糖）就是最好的例子，證明調和威士忌也可以很酷。

Overeem Single Malt Whisky Sherry Cask Matured
60%｜澳洲‧塔斯馬尼亞島

新世界產區的威士忌人氣高漲，而微型酒廠歐霍巴特（Old Hobart）背後的功臣凱希‧歐弗林（Casey Overeem），更是業界當紅炸子雞。他的這款旗艦威士忌在雪莉桶中熟成可達7年之久，散發葡萄乾、棗子和李子氣息，配上木質辛香、燉布拉姆利蘋果味，和隱約的餘燼煙味。

Bain's Cape Mountain Whisky
43%｜南非‧威靈頓

這款產自詹姆士塞吉維克酒廠（James Sedgwick Distillery）的穀物威士忌，是以修築貝恩斯峽谷大道的道路工程師安德魯‧格迪斯‧貝恩（Andrew Geddes Bain）為名。經過柱式蒸餾器蒸餾，置於首裝美國橡木桶中熟成，以5年的酒齡裝瓶。年輕有活力，又無比新鮮，眾所期待的橙皮及香草卡士達風味一點不缺。請想像杏仁膏、糖衣杏仁和成熟油桃的味道。真是明豔動人！

Balcones Texas Single Malt Whisky
53%｜美國‧德州威科市

貝爾柯尼斯是美國新興工藝蒸餾潮流中，不可多得的瑰寶。創辦人奇普‧泰特初試啼聲的單一麥芽威士忌就不同凡響。其風味輕盈，帶有果園香、杏仁、燉梨、李子、香草和些許餐後甜酒的味道在口中激盪，兌水之後香味更加明顯，能嘗到更濃郁的杏桃乾、切碎青蘋果味，以及隱約的烤橡木和牛奶巧克力。

FRENCH BRANDY
法國白蘭地

烈酒界的女神

烈酒名稱	詞源 / 發源地	顏色	主要 生產國家	全球 熱銷品牌	主要成分
Brandy。這個名稱據信可追溯到十二世紀白蘭地的荷蘭文「Brandewijn」，意思是燒酒，但白蘭地的起源極有可能要回溯到蒸餾問世時。	由於蒸餾水果及葡萄的歷史並無明確記載，很難判斷白蘭地的起源地，不過白蘭地的生產在中歐地區十分普遍。	顏色範圍廣泛。有些水果白蘭地晶瑩剔透，其他則呈深銅色，比如在橡木桶中熟成的 XO 干邑白蘭和雅馬邑。	法國。雖然白蘭地和水果白蘭地產區遍布全國，其中仍以干邑白蘭地、加斯科尼地區的雅馬邑，和下諾曼第的蘋果白蘭地為主。	— Hennessy — Courvoisier — Remy 　 Martin — Martell — Janneau — Père 　 Magloire	除蘋果白蘭地之類的水果白蘭地外，生產法國白蘭地需要蒸餾葡萄酒，某些白蘭地則會使用果渣（釀造葡萄酒時剩下的果皮與種子）。

法國白蘭地

烈酒世界的女神

在烈酒的宇宙裡，白蘭地不只是一顆行星，而是一整個太陽系。事實上，以白蘭地受歡迎的程度，若要涵蓋白蘭地這種人氣烈酒的每個品項，這本書就會變成現在的兩倍厚。不過，為了文章的清晰簡潔以及我們的肝臟著想，我們決定在這個章節僅專注於最知名的法國白蘭地，凸顯它們之間的微妙差異，以及它們能馳名數個世紀的原因。另外有些烈酒，比如格拉帕（grappa）和皮斯可（pisco）（技術上都被歸作白蘭地），它們的歷史如此豐富，我們實在不忍心把它們貶為註腳，因此也給予它們專門的章節（見〈世界白蘭地〉）。

簡單來說，白蘭地代表任何以葡萄或特定水果製成的烈酒，每一種基礎原料都在製酒過程中帶來各自的特性和風味。包括法國、南非、南美洲，和其他許多歐洲國家在內，全球各地的白蘭地有許多不同的風貌：有受橡木桶影響的重口味陳年款，也有新鮮清澈的未陳年款，後者以來自蒸餾原料的韻味，突顯製造者特有的傳統及文化。

結論就是，我們無法以特定風味輪廓、傳統飲用方式，或是釀造時遵循的規則來歸類白蘭地。而白蘭地在征服全球過程中累積的數世紀經歷，已說明這款烈酒擁有卓越的適應力。

白蘭地的起源

雖然要精確指出白蘭地發源地幾乎是不可能的事，但我們推測，只要有葡萄酒和蒸餾技術出現的地方，就幾乎存在著某種粗糙版的初始白蘭地。習慣在早餐時來一杯兌水葡萄酒的古希臘人是美酒的推廣者，而蒸餾的葡萄酒可能早在西元前一千年便已出現，只是當時主要是作為醫療用途。同樣地，西元七、八世紀的阿拉伯煉金術師為了製作藥劑，也會蒸餾出葡萄酒和其他水果萃取物，然而沒有明確證據顯示它們是用來飲用的。儘管如此，蒸餾技術傳開後（大多是透過歐洲修道院，見第 16 ～ 18 頁），有更多人認識並愛上以葡萄、水果為原料的烈酒，尤其是在法國的中西部，當地的土壤和氣候極適於種植優秀的葡萄品種。根據記載，法國修道院早在 1250 年就開始蒸餾葡萄酒（首次出現「生命之水」〔eau-de-vie〕一詞），比海峽另一端不列顛和愛爾蘭首次用啤酒蒸餾出威士忌還早上許多。

英國及荷蘭的酒商在十六世紀開始進出口葡萄酒，為了規避高額稅金，減少船上的貨運量，他們想出了一個妙招：減少每桶盛裝的液量。他們藉由煮沸酒液有效地減少了水分含量，等抵達目的地後再把水加回去。據傳「brandy」這個字，就是衍生自荷蘭人稱為「Brandewijn」的這種惡劣行徑，也就是「燒酒」（burned wine）之意。

COGNAC 干邑

法國最尊貴的白蘭地

讓我們回到法國，一項革命性的突破正在醞釀中，或者該說正在蒸餾中？對於干邑區（Cognac）的居民而言，造就當地整齊劃一葡萄藤梯田的完美條件，也具有改變命運的重要性。干邑區建於夏朗德（Charente）河畔，這條河是葡萄酒貿易不可或缺的水路，既是通往大西洋的便利水道，也可經由它連接歐洲的貿易路線。

隨著法國葡萄酒的盛行，干邑白蘭地問世了。干邑白蘭地首次被蒸餾出來大約是在 1450 年左右，但直到十七世紀製造商的技術才有所進步，並改良了以此區所產葡萄酒生產烈酒的製程。他們開始採用二次蒸餾：第一次先將葡萄酒倒入葫蘆型蒸餾器——類似蘇格蘭用的銅製壺式蒸餾器，但較為矮胖；第二次再重複蒸餾前次取得的酒液，來獲取較純淨、酒精度較高的烈酒。

有個故事是這麼說的，有位知名白蘭地酒商某天晚上做了個夢，他夢見惡魔為了擷取他的靈魂而想將他烹煮兩次。這位先生醒來後（肯定要先喝一大杯白蘭地來安神）領悟到，他應該試著將白蘭地蒸餾兩次，以便萃取出酒魂。顯然魔鬼真是藏在細節裡！

在干邑的漫長海運航程中，用於盛裝它的橡木桶開始發揮熟成作用。如同蘇格蘭人意外發現木材對威士忌的影響，法國人也逐漸明白他們創造了多麼細緻美好而均衡的烈酒。

時至今日，干邑產業已是筆大生意，一度簡陋的家族經營品牌，如今都已成為年產量上百萬公升的全球大廠。不過，這片地區仍舊有許多獨立釀酒莊園，他們多半是小地主、小農，以及生產量少到僅流通於干邑區的酒廠。

專屬的風土

有一件事需要說明一下。法國人對保護和支持自家葡萄酒與烈酒的文化遺產可說是不遺餘力，在 1909 年就將干邑區劃為專屬產地，因此，就如同香檳區產的氣泡酒，法律上只有干邑區產的白蘭地才能稱作「干邑」。然而使干邑得以傲視群雄的最主要原因，還是在於將干邑區依特質劃分為不同區塊，也就是所謂的「莊園」（cru）—— 土壤和葡萄藤皆足稱出眾，而且產出的烈酒也有明顯不同的風味輪廓。在墨西哥，我們也能從用來製造特基拉和梅茲卡爾的龍舌蘭上，發現類似的風土效果。

Depuis 1765
le COGNAC HENNESSY
porte a travers le monde le renom
du COGNAC

PARTOUT ET TOUJOURS EGAL A LUI-MÊME

數百年來，干邑在國際上一直比其他法國烈酒更受愛戴。

認識干邑

———

頂級莊園

＊最優異、品質最好且最搶手的葡萄，來自大香檳區（Grande Champagne）和小香檳區（Petite Champagne）。這兩個地區的梯田離干邑鎮最近，白堊土（chalky soil，也是「香檳」的字源）賦予蒸餾液強烈複雜的風味，這種風味很適合在橡木桶中熟成。

＊邊緣林區（Borderies）及優質林區（Fins Bois）離干邑區中心稍遠，生產的白蘭地風味迥然不同。邊緣林區有獨特的花香和水果氣息，而優質林區則有柔和的水果香。也許它們缺少頂級白蘭地的關鍵元素，但仍舊是由優質葡萄製作的優秀干邑。

＊從良質林區（Bons Bois）和普通林區（Bois Ordinaires）這兩地延伸到西海岸一帶的烈酒，屬於較清淡的風格，酒質與其他區域的相比，通常較不適合熟成，也缺乏層次感。

葡萄品種對干邑的整體風味有極大的影響。根據法律規定，多數干邑區的烈酒來自三種截然不同的葡萄，釀成的葡萄酒酸度高、酒精度低（約 8％ 至 9％），口味並不討喜，也就是說，你不太可能在法國餐廳的菜單上見到它們，但是一旦經過蒸餾，其潛力就能夠發揮出來。

＊**白玉霓 Ugni Blanc**
這種葡萄是明星選手，在干邑中占了很高的比例，能賦予干邑堅實的底蘊，而且熟成效果極佳。

＊**白福爾 Folle Blanche**
這種葡萄就像芭蕾舞者，嬌嫩有性格又難以種植，但若將它去掉，便會失去那精微的花香調。

＊**高倫巴 Colombard**
這是另一種較淡而酸的葡萄品種，雖然沒有白福爾或白玉霓這麼普遍，對於調合蒸餾液卻很有幫助。由於白玉霓的葡萄酒產量較高，在製作干邑上，白福爾和高倫巴通常屬於陪襯的角色。

蒸餾和熟成

　　葡萄酒經過銅製葫蘆型蒸餾器二次蒸餾後，酒精濃度會從 8％至 9％提高到 68％至 72％，酒液接著被轉移至橡木桶中。受到橡木的影響，烈酒口感會變得柔和，並發展出獨特的風味特徵，因此使用的橡木類型是很重要的。生長在法國特昂賽（Tronçais）森林的無梗花櫟（sessile oaks）紋理細密，做成的酒桶會使酒液芬芳且單寧較低，而利穆贊有梗花櫟（Limousin pedunculate，或稱英國橡樹）則木紋較疏，可吸收更多酒液，讓烈酒獲得更乾爽、更具橡木感的性格。按照法規，干邑白蘭地必須置於橡木桶中熟成 2 年以上。

　　陳年較久的干邑白蘭地會發展出獨特的果香、花香和香草調，兼具水果乾、辛香料及些許收斂感。當製酒師覺得木桶開始對酒產生不好的影響，譬如苦、乾澀、刺激的風味，就會將酒液轉移到窄口大玻璃瓶裡。烈酒會被靜置在玻璃瓶中，直到品質已獲認可為止。

　　對首席製酒師而言，挑選特定年份及風格的生命之水調配成一款獨一無二的酒，是成就傑出干邑的驅動力。某些酒齡更老價格更高的產品，甚至含有高達 40 至 50 種不同的干邑。

干邑的分類

　　干邑瓶身上規範酒齡、品質和類型的酒標，可能充滿令人頭昏眼花的各種術語和縮寫。知名品牌軒尼詩（Hennessy）創建元老之一的莫里斯‧軒尼詩（Maurice Hennessy），在 1865 年引進了分類干邑酒齡的星星分級系統。干邑白蘭地同業公會（BNIC，Bureau National Interprofessionnel du Cognac）以此為基礎，進一步發展出一系列的縮寫分級制。有趣的是，儘管這個分級制度源於法國，卻採用了許多英文，原因在於許多干邑出口商都是英國人，供應著繁榮卻乾渴的家鄉市場。

＊ VS
代表「非常特別（Very Special）」。最年輕的干邑屬於這個類別，必須在橡木桶中熟成至少 2 年。

＊ VSOP
代表「卓越陳年（Very Superior Old Pale）」。必須含有至少陳年 4 年以上的生命之水，但平均酒齡通常會更高。

＊ XO
代表「特級陳年（Extra Old）」，最年輕的生命之水必須至少陳年 6 年，但干邑通常含有酒齡上看 20 年的烈酒。

＊ Napoleon
通常代表介於 XO 及 VSOP 之間的等級。

其他像「珍藏陳釀」（Vieille Reserve/Old reserve）或是「忘年陳釀」（Hors d'Age/Beyond Age）等分級，都常用於描述酒齡與品質超越 XO 等級的干邑。

行家會客室

» 埃立克・佛雪（Eric Forget）

法國・札納克（Jarnac）｜御鹿干邑（Hine Cognac）首席製酒師

生產干邑已有二百五十年之久的御鹿酒廠位於夏朗德河畔恬靜的札納克小鎮，是由來自英國多塞特郡的湯瑪士・海因（Thomas Hine）所創立。這個酒廠與其他干邑酒廠不同之處在於，他們仍然與英格蘭西南方的布里斯托（Bristol）維持特別的關係——有一定比例的酒是在英國熟成的。果然是遍行世界的烈酒啊！

調和不同干邑這項藝術對你而言有什麼意涵呢？

「它代表我可以創作出更廣泛的香氣和風味，調和酒比來自單一批次的酒更豐郁。用的干邑種類越多，最終調配出的干邑就越有深度。」

將酒桶送到布里斯托熟成在御鹿酒廠已行之有年。這種稱作「早登陸」（Early landed）的想法是源自哪裡呢？

「我們想延續十九世紀以來的傳統，就是酒桶在售出前先被運到布里斯托，這麼做除了維持傳統，也造就了產品的獨特性，以及很不一般的風味，因為英國和札納克的熟成環境截然不同（後者濕度較高，肯定也比較冷，但溫度變化較小）。這種作法造就了香氣更豐富，但依然活潑又帶花香調的干邑，因為酒桶的影響降低許多。」

請為門外漢描述享用優質陳年干邑最好的方式，以及風味上需要注意什麼。

「欣賞、品飲陳年干邑的方法和葡萄酒一樣。儘管經過蒸餾，陳年干邑仍然和葡萄酒一樣，會受天氣的影響。品評的詞彙也和品評葡萄酒時使用的詞彙相同。永遠先啜飲一小口，比喝葡萄酒時更小口，接下來，觀察酒體、風味持續的時間、甜度、口感是否滑順、是否有苦味和粗澀感等等，然後想像一下製造這瓶干邑時天氣如何。」

作為首席製酒師，最棒的部分是什麼？

「要動用所有感官去品嘗及調配。」

請以三個（英文）字形容御鹿酒廠。

「精湛（delicate）、繁複（complex）、花香（floral）。」

ARMAGNAC 雅馬邑

雅馬邑
被時間遺忘的白蘭地

我們敢打包票，在閱讀這個章節之前，如果被問到法國最受歡迎的白蘭地，你一定會説是干邑。不過，你知道干邑這位資深法國代表誕生的時間，其實還晚於法國最秘傳的烈酒雅馬邑嗎？

雅馬邑的歷史一如干邑白蘭地，和法國西南部偏鄉的風土息息相關。由於雅馬邑至今尚未在法國境外取得一席之地，使得它作為烈酒，經常屈居於手足干邑的光環之下。不過，若把雅馬邑和干邑這兩種絕佳的白蘭地拿來比較，會發現兩者的相似點不過就像葡萄表皮那樣淺薄，它們之間的關連反而更類似愛爾蘭威士忌與蘇格蘭威士忌那樣，各有其獨特的個性。

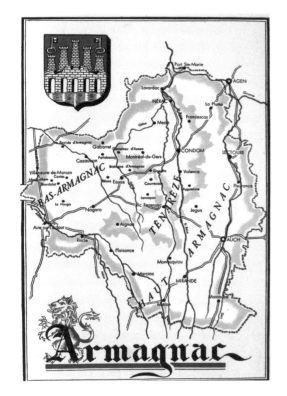

科葡萄（Baco）才是這種烈酒如此獨特的原因。巴科葡萄是在十九世紀晚期引進當地，雅馬邑的複雜口感都要歸功於它，儘管用它釀的佐餐酒品質不佳，製成烈酒卻勁道驚人，陳年之後尤其出色。

區域的差異

雅馬邑（Armagnac），曾是加斯科涅公國治下一縣，位於干邑區南邊約二百五十公里處，由三個重要產區組成，它們就如同干邑區的莊園，決定了雅馬邑的固有特徵，很多時候甚至決定了雅馬邑受歡迎的程度。從庇里牛斯山脈吹過來的冷風使葡萄藤在冬天更加賣力生長，而當地的風土則確保雅馬邑有著比干邑更加活耀、鮮明的特質。雅馬邑的釀酒人會自豪地列出自家產品的產區，因為不同地區的土壤產出的風味大相逕庭，雅馬邑就是用這種方式嚴正地表明自身根源。

下雅馬邑區（Bas-Armagnac）所生產的雅馬邑是最受讚譽且雅致的雅馬邑，該區產量約占整個雅馬邑的57％，其次是以白堊土及強勁土壤風味出名的泰納赫茲區（Tenareze）；排行最末的，是包夾前述兩區的上雅馬邑區（Haut-Armagnac），因占地較廣，這一區的酒莊分布較零星，僅產出少量白蘭地。

干邑是調和藝術的呈現，融合來自截然不同年份、製酒師的風味，可以說是一種煉金術。反觀雅馬邑採取的是較為質樸的手法，它不只稱頌生產者的個性，也褒揚這瓶酒根植的環境。

雅馬邑在法國出現的時間，比干邑早了至少一百五十年，在聖方濟神學家維塔・杜佛（Vital du Four）1310年的著作《雅馬邑的四十個優點》（*40 Virtues of Armagnac*）中，就曾提及雅馬邑的神力與藥效。

白玉霓葡萄同樣也很適合用來釀製雅馬邑，因為它能提供雅馬邑堅實的底蘊，伴隨著白福爾葡萄提供的溫和細緻口感，然而巴

ARMAGNAC
CHATEAU HENRI IV

SOCIÉTÉ DES PRODUITS DE L'ARMAGNAC
SIÈGE SOCIAL, CONDOM.(Gers)

雅馬邑和干邑的差異

儘管和干邑有許多共同之處，讓雅馬邑躋身出色烈酒之林的重要原因之一，在於其製作過程的質樸性。在標榜一致性、自動化和進步的現今社會，雅馬邑卻珍視那古老、過時、工匠般的生活方式。

雅馬邑的蒸餾方式和干邑非常不同！生產雅馬邑用的蒸餾器，長得就像朱勒·凡爾納小說中的東西，很多甚至依靠燒柴的火爐運作，只是爐中裝填的是葡萄藤枯枝，而且要人工生火（目光銳利的安檢專家們注意了，不得不說，偶爾也會用製酒師的雪茄屁股生火……）

蒸餾設備參照傳統柱式蒸餾器，由幾塊銅板組成。酒液慢慢穿透銅板，直到酒精濃度達到55％左右，再經由「蛇管」或是行之有年的蟲桶（worm tub）冷凝成液體。這樣的單次蒸餾程序意謂著許多醇厚的葡萄酒風味都能保留下來，而不是像使用壺式蒸餾器二次蒸餾的干邑那樣被蒸散。法律規定雅馬邑僅能在每年十一月到三月之間進行蒸餾，有些製酒師會在這個期間開著拖曳機造訪小酒莊，車子後面就載著外形古老，布滿鉚釘的銅製怪物，而非由酒莊送酒到製酒師那兒，這讓製酒過程變得既特別又富饒個性，真是「有了蒸餾器，就會到處去」。

雅馬邑的風味

不同雅馬邑產區的風味各殊，這點與類型差異甚大的蘇格蘭單一威士忌類似。比如艾雷島威士忌醇厚而具煙燻感的風味，就和經典的斯貝河畔區威士忌相去甚遠，再加上其他小酒廠（有些一年只產幾桶），你會發現各式各樣的風味。

來自泰納赫茲區和下雅馬邑區年份較高的雅馬邑，口味豪爽、大膽、具土壤調性且富單寧，同時有種獨特的「陳腐味」，這深獲好評的黴味，通常出現在以雪莉桶熟成且風味十分複雜的單一麥芽威士忌中。

相較之下，年輕的雅馬邑和干邑的相似處就稍微多些：較輕爽、果味重、在杯中發展出的香氣與風味也沒那麼複雜，帶有香草、清新果園氣息及隱隱的木質香料感。

近期雅馬邑發展出一種新的類型——未經熟成的雅馬邑生命之水，它可以說是「展現了雅馬邑的本色」。由於蒸餾完就直接裝瓶，酒色十分澄澈，整體風味極為鮮活，味道乾淨利落，且極富果香。它也很適合長飲，用來慶祝在鄉間度過漫長慵懶夏日時光的傳統，再完美不過了。

↖ 早期的雅馬邑海報，刻劃有錢人在馬背上暢飲。

→ 下雅馬邑區的凱龍大帝（Dartigalongue）酒莊中，有著世界上最古老的雅馬邑，時間可追溯至 1829 年。

行家會客室

» 馬克・達霍茲（Marc Darroze）

下雅馬邑區・賀克福（Roquefort）｜達霍茲雅馬邑（Darroze Armagnac）

馬克・達霍茲（上圖左）和另一位行家隆・庫柏（第 76 頁）兩人有著微妙的情誼。他們都藉由凸顯單一酒莊、農莊生產方式的獨特性，改變了各自產業領域的原有風貌。

物色雅馬邑時最重要的三件事是什麼？

「其實我們有兩種不同的方法來物色優質的雅馬邑。有些酒農供貨穩定、品質一致，我們有長期的合作關係，每年都在他們的酒莊蒸餾葡萄酒。我們甚至設立某種俱樂部，提供訓練計畫，包括拜訪雅馬邑地區以外的公司。我們的理念是要讓這些酒農了解，維持和改善雅馬邑的品質有多重要。他們都自豪於可以與我們共事。偶爾我們也會有零星的採購，通常對象是那些曾在自家廠房蒸餾、熟成雅馬邑的年長酒農，或是從雙親或祖父母那一輩繼承了雅馬邑存貨的年輕人。」

你喜歡好年份的雅馬邑還是有個性的雅馬邑？

「這兩者都蠻重要的。因為我們擁有差異很大的土壤類型、葡萄品種、獨特的蒸餾方式及橡木桶選擇，使得雅馬邑的酒農能製作出個性鮮明，極易辨識的白蘭地。我們一直以來都選擇去凸顯這些特點。若用生長在沙地的巴科葡萄，經單次蒸餾到53％的酒精度後，放入傳統雅馬邑桶中熟成，就會產出一款獨特的雅馬邑。為了保存白蘭地原始的特質，我們會原封不動地裝瓶。」

你希望將來公司會遺留下怎樣的精神？

「哈！這是個很困難的問題。我對這塊土地和烈酒的熱情都來自我父親，我接手的公司也是建立在特別的哲學上。我們，用法文來說，是匠人。我的目標是延續這個形象，但同時也要現代化和向前看，以及尊重傳統，尊重每位製作雅馬邑的人。」

請以三個（英文）字達霍茲雅馬邑。

「多樣性（diversity）、尊重（respect）、愉悅（pleasure）。」

CALVADOS 蘋果白蘭地
蘋果的醉人精髓

整個法國就好似一張令人垂涎欲滴的美食地圖：起司、肝醬、令人欲罷不能的亞仁梅乾，當然不能漏了上等葡萄酒、干邑及雅馬邑。諾曼第地區則和便宜的蘋果有著特殊關係：此地從西元七世紀起就生產高級蘋果酒，並以它製作另一種卓越的法國白蘭地——蘋果白蘭地。

諾曼第奧日地區（Pays d'Auge）是最知名的產區，地位與干邑的大香檳區不相上下，當地的蘋果品種超過兩百種，無論是甜型、苦甜型或酸型[1]，對最終成品都有其貢獻，釀酒商多年來就是用這些品種創造出一致的風味組合。蘋果白蘭地的獨特之處與蘋果酒有關：奧日地區的蘋果酒至少要發酵 6 個星期，創造出一種強勁、馥郁的果香，上等蘋果白蘭地的製造商會陳放蘋果酒，以強化酒中的多種蘋果風味。

1　編注：釀酒用的蘋果類型有：甜型（sweet）、苦甜型（bittersweet）、酸型（sharp）、苦酸型（bittersharp）。

品質優異的蘋果白蘭地跟干邑一樣，要在銅製葫蘆型蒸餾器中進行二次蒸餾，並在橡木桶中陳放至少 2 年。新的橡木桶會稍加烘烤，烈酒在熟成期間的前三個月開始吸收許多木材中天然的香草醛和單寧，不過若是存放太久，最後味道也可能會變得不討喜。經過快速熟成的蘋果白蘭地，隨後會轉移入橡木影響較不明顯的舊酒桶中。

蘋果白蘭地的風味特徵

蘋果白蘭地經過兩年陳放後，仍然鮮明爽冽，富含水果風味。年份較淺的蘋果白蘭地可以與薑汁啤酒調出很棒的長飲，但若再多熟成幾年，蘋果白蘭地便會昇華到另一種境界：5 到 6 年，口感會變得較為綿密，蘋果的酸味與果皮澀感也會變得柔和；15 到 20 年，味道會像是翻轉蘋果塔，有著從木頭中綻放的辛香調，以及奶油蘋果味、豐富香草莢味和飽滿、油潤、厚實的口感。

除了名產蘋果，諾曼地地區也對另一種高掛枝頭的水果授與法律認證，那就是梨子。在諾曼地西南方的東豐德區（Domfrontais），當地的蘋果白蘭地含有蘋果酒及至少 30% 的梨子酒，並以柱式蒸餾器單次蒸餾，雖然酒液更純淨，味道卻不甚豐富，儘管更快發揮出它的熟成潛力，多少缺乏鄰近奧日地區的深度和豐富性。

如同雅馬邑，蘋果白蘭地的國際曝光度沒有干邑那麼高，但是許多蘋果白蘭地品質精湛，值得讓更多人認識它。

法國版格拉帕：馬克 MARC

既然我們花了一些篇幅在法國鄉間佳釀，乾脆也來講講另一種葡萄白蘭地。它的製造方式與干邑和雅馬邑截然不同，用的是果渣（上圖，為了釀葡萄酒將葡萄進行搾汁、去皮後留下的殘渣）。馬克在法國境外很罕見，但在布根地、香檳和阿爾薩斯等區域卻很普遍。這三個產區的葡萄酒原料來自黑皮諾（Pinot Noir）、夏多內（Chardonnay）和格烏茲塔明那（Gewurztraminer），這些葡萄的果渣經過蒸餾（偶爾也會進行陳放），最後產出的白蘭地味道新鮮，像極了格拉帕（第 189 頁），而且風味樣貌極受所用的葡萄品種影響。

品嘗白蘭地的最佳方式

長達兩個半世紀以來，品質優良、類型豐富的法國白蘭地一直是經典飲品的核心，也是邊啜飲邊配雪茄、未經消毒的全脂起司，以及其他有害健康美食的絕配。

儘管白蘭地的傳統形象沒有什麼不良之處（除了很糟糕的白蘭地球形杯設計！我們決定要在那球根形的曲線撞歪下一個鼻子前，永遠地粉碎它），白蘭地仍需要繼續前行，找到新世代飲用者認同的風味。

鬱金香形的聞香杯能大幅增進陳年白蘭地的活力，這種酒杯能讓酒和空氣接觸，釋放更多香氣。酒精度在 40% 左右的干邑及雅馬邑通常不需額外兌水來引出味道，況且酒液稀釋後會掩蓋較溫和的香氣。

然而法國白蘭地的面貌正在改變，特別是在調酒方面。不管是年份較輕的蘋果白蘭地，還是口味較淡充滿花香的 VSOP 干邑，又或是未經熟成的白雅馬邑（見第 178 頁），都很適合調成長飲型的飲品。以下是一些在家就能嘗試的酒譜。

蘋果白蘭地氣泡飲

———

Calvados Spritzer

烤肉時間到囉！你正伸出一隻手拿琴酒，而且另一隻手已經在開冰箱準備拿通寧水了嗎？
快打住！

作法

何不倒一杯碎冰，再加兩份蘋果白蘭地（年份較輕的「Daron Fine」或「Berneroy Fine」都可以，而且也不會讓你荷包大失血）。接著加幾注安格仕苦精（想自製苦精請參考第 214 ～ 215 頁），再加滿氣泡水（要甜一點就加些通寧水）。最後用一片青蘋果裝飾。
在把注意力轉向快焦掉的香腸前，戴上巴拿馬草帽，多啜飲幾口。

海因線

—

The Hine Line

這是我們為一場復古雞尾酒派對所精心設計的調酒，它是從一款經典的香檳雞尾酒改造而來。干邑精緻的花香調和蘋果汁的甜美果香相得益彰（若喜歡較乾爽的口味，可以略過蜂蜜），苦精則增添了一抹討喜的辛香調。

材料

37.5 ml 的「H by Hine VSOP」干邑

37.5 ml 的優質蘋果汁

6.25 ml 的淡蜂蜜

2 注的安格仕苦精

用來斟滿杯的香檳

裝飾用的瑪拉斯奇諾櫻桃（maraschino cherry）

作法

將干邑、蘋果汁、蜂蜜、苦精和冰塊混合搖晃，將其濾進冰鎮的香檳杯，斟滿香檳，最後以櫻桃點綴。

白馬丁尼

—

Blanche Martini

白雅馬邑是在蒸餾到酒精度達 50%左右時直接裝瓶，極度簡潔的這款調酒就是為了頌揚白雅馬邑的新鮮美味。雖然經橡木桶熟成的陳年雅馬邑適合細細啜飲回味，或是調成一杯絕佳的往日情懷，但這位加斯科涅的初生之犢，肯定會引起雞尾酒界的注目。

作法

首先，用干型威末苦艾酒（建議用「Noilly
Prat」，想要甜一點就用白麗葉〔Lillet Blanc〕）
潤洗杯子。
將紳士分量馬丁尼杯（約 65 毫升或 ½ 量杯）的
白雅馬邑倒入裝了冰塊的調酒杯中，攪拌 20 ～
30 秒後，過濾到馬丁尼杯中，用一片薄檸檬皮裝
飾即可。

>> 10 款必試 法國白蘭地

法國這麼多優秀的白蘭地，卻只能挑出十種來品嘗，真的是非常艱難的選擇。對我們來說，以下這些酒品無疑體現了法國的重要性，更說明了在製造頂級白蘭地方面，法國之所以獨步武（或葡萄藤）林的原因。

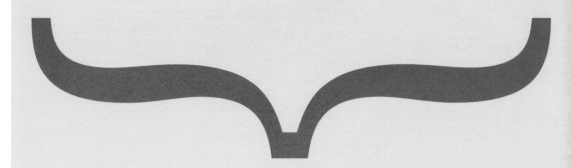

Guillon-Painturaud Vieille Réserve Cognac
40%｜瑟貢扎克（Segonzac）

這單一莊園製造商位於大香檳區核心地帶，特點在於該莊園所有干邑都來自單一年份，包括 20 年份左右的生命之水。這支酒帶有絕妙的芳香，包括核桃、紅糖，以及混合堅果味的隱約皮革調，還有巧克力、榛果和香草味。是小型製造商也能有高品質的最佳範例。

Chateau de Pellehaut Blanche Armagnac
44%｜蒙特雷阿（Montréal du Gers）

雅馬邑多以陳年烈酒身分為人所知，但這支酒重新詮釋了雅馬邑的概念。白雅馬邑是令人耳目一新的未熟成（所以酒色透明）雅馬邑，主要是用在調酒上，蘊含強勁的香氣及風味，包括新鮮李子、蘋果、燉梅乾和翻轉蘋果塔。這支酒很適合初次嘗試雅馬邑的新手，可以體驗到有別於伏特加通寧的滋味。

H By Hine VSOP Cognac
40%｜札納克

若在收成季節前往札納克，就會發現這家仍遵循二百五十年前生產方式的製造商。這支象徵著干邑再出發的酒，口感輕柔迷人（只用大、小香檳區的葡萄），不管直接啜飲或調成雞尾酒都好。香草、果乾及幽微的橡木味，使其成為理想的干邑入門款。

Dupuy Hors d'Age Cognac
40%｜干邑區

德普伊酒莊（Dupuy）在一百五十年前併入巴凱・蓋比爾森酒莊（Bache-Gabrielsen）。由不同干邑（產自大香檳區莊園）調配成的這支酒，平均年份至少在 50 年以上，有些甚至將近百年。你會嘗到濃郁的櫻桃利口酒香，以及深色焦糖和血橙的芳香，伴隨著溫暖而具土壤調性的收斂感。這是一支空前傑出的餐後酒，擁有引人入勝的複雜度。

Armagnac Delord Hors d'Age
40%｜蘭巴司（Lannepax）

這家雅馬邑小酒莊一年產出十萬瓶酒，相當驚人，更了不起的是，從裝瓶、貼標到封蠟和燙金打凸，全由最多三人的團隊手工作業，簡直是手工生產的最高境界！這支 15 年的酒帶著接骨木花的清香，入喉有牛奶巧克力、果乾混和楓糖漿及糖漬柳橙的味道。

Dazzore Les Grands Assemblages 30 Ans d'Age
43%｜賀克福

由總監馬克・達霍茲掌旗的這家先驅酒商集結了為數眾多的年份酒款，每款酒都是由特定農夫種出的葡萄所釀成，年份從 10 到 60 年都有。柑橘類水果、新鮮櫻桃及杏仁膏在味蕾上迸發，入喉有濃郁的木質香和甘草味。

Armagnac Castarède 1939
40%｜莫雷昂（Mauleon）

在絕佳的年輕酒款（特別是酒齡 10 年的 VSOP 及 20 年的忘年陳釀）之外，家族經營的嘉思德酒廠（Castarède）也以出色的年份酒款自豪。

這支酒雖然價格不菲，卻真是世界上最出色的烈酒之一，有著迸發的熱帶水果、黑糖、香草和土質辛香料味。喝下它就是極樂時刻！

Dupont Vieille Réserve Calvodos
42%｜奧日地區

嘗過杜朋（Dupont）家族這款珍藏陳釀之後，還把蘋果白蘭地稱作法國第三知名的白蘭地，似乎並不公允。經橡木桶陳年 5 年（有 ¼ 是全新橡木桶，帶給酒體強健的單寧）的這支酒，是以 80% 的苦甜型蘋果混合 20% 的酸型蘋果，並在蒸餾前進行長達 6 個月的發酵，因此帶有獨特的果皮、香料調性，及濃濃的蘋果味。

Adrien Camut Privilège Calvados
40%｜奧日地區

這是一家遵守製酒工藝質樸傳統的家族經營酒廠，使用將近 25 種蘋果製成的蘋果酒（熟成 10 個月左右），在燒著蘋果木的小型蒸餾器中進行蒸餾。這支酒經過 18 年的陳放，在濃郁的奶油香、燉水果、香草、蜂蜜，以及意外爽冽的青蘋果調主體之間取得平衡。

G. Miclo Marc d'Alsace Gewurztraminer
45%｜阿爾薩斯

這是廣為人知的法國白蘭地世界中的一顆曲球，將它列入名單純粹是因為它太有趣了。這支馬克是由格烏茲塔明那的果渣製成，具備優質阿爾薩斯白葡萄酒的果香（想像杏桃加上一點油桃和洋槐蜜），除了風味飽滿，也有鮮活衝勁。

WORLD BRANDIES
世界白蘭地

地球上的液態黃金

　　如同上個章節所示，白蘭地已在過去五世紀中滲透到世界每個角落，並融合了獨特且國際化的風味及傳統生產方式。其成功一部分要歸功於葡萄藤卓越的永續性，以及新世界葡萄酒獲得的高度關注，這意味著來自歐洲、南非及美國的葡萄白蘭地愈來愈受歡迎。同樣地，幾乎任何天生含（果）糖量高的傳統果園水果都能用來製成水果白蘭地，除了李子、蘋果、梨子、杏桃、櫻桃以外，也可以使用更具異國情調的物產。試過南非的香果石蒜（kukumakranka）製成的白蘭地嗎？

　　白蘭地（或用較廣泛的名號「生命之水」來稱呼這種類別）之美，在於任何甜的、能發酵的東西，只要遇上對的人，就有機會成為可口的烈酒。本章將介紹幾位名副其實的專家，他們嫻熟地掌握了這門將水果（當然包括葡萄）變成液態黃金的藝術。

PISCO 皮斯可

南美的後起之秀

說起美洲真正的烈酒代表，得到的答案不外是美國的波本威士忌或者墨西哥的特基拉，不過南美洲沒沒無聞的皮斯可，正逐漸為人所知。

皮斯可是由葡萄蒸餾出的甜美烈酒，秘魯及智利這兩個相鄰的國家都爭相認為自己是發源地。如果白蘭地相當於烈酒世界的紅葡萄酒，那白葡萄酒就是皮斯可。

一直處在南美洲葡萄酒陰影下的皮斯可是在十六世紀發展起來的，當時西班牙墾荒者前來建立了葡萄園，並在尋找渣釀白蘭地——以釀完葡萄酒留下看似無用的剩餘物製成——的代替品。

隨著這甜美烈酒日漸風行，秘魯及智利開始互爭皮斯可的歸屬權，如今兩國都在境內設有嚴格控管的皮斯可產區。相較於秘魯皮斯可，智利皮斯可的酒精度通常比較低（偶爾會達到30％）。不過秘魯人很自豪地宣稱他們有與皮斯可同名的城鎮，成為秘魯皮斯可起源論的額外佐證，也堅信唯有他們能在酒標上使用「皮斯可」這個稱號。

在新一波順口調和產品的潮流助長下，這種南美白蘭地的需求在全球各地皆有成長，而且是快速地成長。目前皮斯可進口量最大的是美國。

↓皮斯可酸酒：眾人皆知最讓人欲罷不能的雞尾酒之一，調製方法相當簡單（見第186頁）！

皮斯可的風味

和葡萄酒一樣，葡萄品種對皮斯可的類型和風格影響很大，也能夠混合使用不同品種來釀製（稱作「混合皮斯可」〔pisco acholado〕），進而賦予不同品牌獨特的風味樣貌。

常用來製作皮斯可的葡萄品種有：蜜思嘉（Muscat）、阿爾比約（Albillo）以及義大利（Italia）。其中，義大利可以製出美妙的香氣型皮斯可，充滿芳香青蘋果及接骨木花性格，既甜美又豐腴，香氣及風味都十分美妙，是很棒的皮斯可入門酒款。皮斯科純酒（pisco puro）就如同義大利的格拉帕（第189頁）一般，呈現出單一葡萄品種令人回味再三的風味，凸顯出這極富表現力烈酒的多樣性。與其他水果白蘭地不同的是，秘魯皮斯可受法律限制，不能在木桶或任何會改變它原始風味的容器中陳年，所以喝起來絕對不會出現什麼木桶味。

行家會客室

» 道根・麥克唐納爾（Duggan McDonnell）

美國舊金山

由於對符合西方喜好的的皮斯可需求日益強烈，舊金山一群烈酒狂熱者索性創立自己的品牌「Campo de Encanto」。團隊成員包括：製酒師卡洛斯・羅美樂（Carlos Romero）、侍酒師瓦特・摩爾（Walter Moore），以及調酒師麥克唐納爾。

「Campo de Encanto」屬於混合皮斯可，分別混用了淡香型及香氣型葡萄，在秘魯生產並且存放 1 年。混用的葡萄品種包括：給布蘭塔（Quebranta）、多隆得（Torontel）、蜜思嘉以及義大利。這家以舊金山為基地的公司憑著風味新穎、平易近人、包裝超酷的產品，已經成了新世代皮斯可愛好者們的指標品牌，除了贏得不少競賽獎項，也深獲世界各地酒評歡心。

你都怎麼享用皮斯可？

「就像白蘭地一樣，皮斯可可以室溫狀態直接飲用，通常秘魯和智利兩地都習慣這麼喝，不過皮斯可真正的精髓在於皮斯科酸酒，也是秘魯和智利的國飲。滑順、香甜又清爽的皮斯科酸酒受歡迎到秘魯甚至有國定皮斯科酸酒節以示慶祝，可以說是南美洲最具代表性的飲品之一。」

皮斯可酸酒

—

Pisco Sour

皮斯可酸酒是使用檸檬汁、糖漿和蛋白調製的簡單調酒，和復仇一樣，任何酸酒都是冰冷為佳，皮斯可酸酒也是在冰涼時享用口感最好。此外，皮斯可酸酒跟秘魯的國民料理特別搭，像是醃生魚還有用檸檬汁醃漬(以檸檬酸的功效料理海產)的薄切國王扇貝、灑上香菜和一點點皮斯可的醉扇貝。下面是我們所提供製作一杯分量的調酒酒譜，想要製作更多杯只要加倍計算數量即可，非常適合用來當招待賓客的餐前酒！

材料
......

50ml 的皮斯可

25ml 的現榨檸檬汁

12.5ml 的糖漿

1 顆蛋白

作法
......

1. 將所有材料和冰塊一起用雪克杯搖盪。
2. 將酒液濾入裝有冰塊的威士忌杯中。
3. 可以依個人口味，加上幾注的安格仕苦精。

GRAPPA 格拉帕

甜蜜生活之味

如果世上有什麼事是無庸質疑的，那就是義大利人對本國產品的熱情，在製造格拉帕一事上也不例外。格拉帕是義大利最古老的烈酒，其起源可追溯至十四世紀，蒸餾果渣的技術在家族經營酒廠中一代又一代的施行、改良，且臻於精熟。

在過去二十年間，格拉帕經歷了某種變革，從受農人喜愛用以在冬天提振精神的傳統粗製烈酒，變成大量生產、品質穩定卻相對來說沒有特色的產品，對蒸餾過程及所用葡萄的關注程度也不如傳統手工時代。所幸匠人工藝已經重獲重視，而最好的格拉帕都來自充滿熱情且採用較傳統工法的人們，使格拉帕得以獲得全球鑑賞家的高度評價。

在壓榨、發酵及精製後，每一百公斤的葡萄可以製成一百瓶左右的葡萄酒。不過，從如此珍貴的葡萄藤得到的果渣，卻僅能製作三瓶格拉帕，可見無論規模大小，生產格拉帕都不是一門容易的生意。像蜜思嘉和格烏茲塔明那這樣富有香氣的葡萄，因為有美妙的芬芳果香、花香平衡，頗受製酒師喜愛，然而像梅洛（Merlot）、阿瑪羅內（Amarone）及巴羅洛（Barolo）這些顏色較深的葡萄，則會為格拉帕帶來強烈的深色水果香氣、果醬般的甜味、辛香料及單寧收斂感。

小批次的格拉帕通常是使用半柱式半壺式的蒸汽加熱蒸餾器生產，藉由蒸汽蒸騰出果渣特殊的香氣及風味，有助於將葡萄品種特性保留在成品中。格拉帕最後會蒸餾到酒精度85％，再用除礦水稀釋到裝瓶販售的酒精度。

格拉帕的類型

格拉帕絕不只是未經陳年的烈酒！青年格拉帕（grappa giovane）通常會放入酒槽融合1年，這麼做有助於使那些獨特風味脫穎而出。在要進行陳年時，義大利人則深諳從令人眼花撩亂的木材類型中挑選之道，最受製酒師歡迎的有橡木、栗木、櫻桃木、扁桃木、樺木及桑木。不過也不能過度擷取木桶的天然風味，如此才能達到傑出成品所需的平衡與深度。陳年格拉帕（grappa invecchiata）以及更獨特、更多層次的特級陳年格拉帕（grappa riserva 及 grappa stravecchia），則頗似那些深色法國白蘭地，風味多樣，價格卻更為親民！

經典和現代的飲用方式

格拉帕的經典飲用方式是作為餐後酒搭配咖啡享用，加上極具藝術感的格拉帕杯：有著纖細杯梗以及能夠傳達酒液芬芳香氣的笛型杯身，以室溫飲用時功效更佳。但格拉帕是用途極為多樣的烈酒，調酒師經常用它取代經典雞尾酒中使用的干邑或其他陳年白蘭地，或者以酒色澄清且葡萄風味突出的微冰青年格拉帕，讓義大利的普羅賽克（Prosecco）汽泡酒口感更活潑些。

> 頂級格拉帕的香氣十分適合在用餐完畢後品飲，若能搭配一杯極品義大利咖啡更好。

你會怎麼形容製作優質格拉帕的這門藝術？

「蒸餾可以是你的真愛！你所要追尋的是原物料、蒸餾技術、整體知識，以及正確地詮釋原物料。」

酒齡和個性對格拉帕各有何重要？

「格拉帕有兩種類型：『白』的和陳年的。對後者來說，木桶品質與陳年時間相當重要。白格拉帕在以源自當地的水降低酒精濃度並裝瓶前，必須在酒槽中陳放 2 到 3 年，以便讓酒液產生酯類[2]。」

請用一分鐘說明為何你的格拉帕是最好的。

「我們生產的是純蒸餾酒，不是利口酒，也不是浸泡酒，而且我們採用二次蒸餾系統來蒸餾果渣，跟其他格拉帕比起來，至少要多花十倍精力和時間。此外，我們的格拉帕不含任何添加劑，所以很純粹、新鮮，也很容易代謝。」

享用卡波維拉格拉帕的最好方式？

「芳香的白格拉帕適合當開胃酒，或是配斯蒂爾頓起司一起吃，若是由紅葡萄製成的格拉帕，要在咖啡之後飲用，而陳年格拉帕則可配巧克力或古巴雪茄。」

請以三個（英文）字描述卡波維拉。

「理想主義（idealist）、無政府主義（anarchist）、完美主義（perfectionist）。」

行家會客室

» 維多利歐・卡波維拉

（Vittorio Capovilla）

美國・舊金山

....

在格拉帕製造業中，恐怕沒有比「卡波維拉」更響亮的名字了！維多利歐・卡波維拉正是現代格拉帕之父！就創作足將獨特風味提升至前人未及之境的一流烈酒而論，他也是不折不扣的先驅。

2　編注：參見第 218 頁。

WED. G. OUDE & C. PURMEREND

VERKOOPKANTOOR SOERABAIA

OUDE

RICOT BR

DRUK IMHIGZ

JAC. JONGERT

APRICOT BRANDY

FRUIT BRANDY
水果白蘭地
豐富的地域選擇

從德國到南非，水果白蘭地除了象徵著蒸餾烈酒的類型
多樣，也為瞭解製酒師如何從特定水果蒸餾出關鍵特徵
提供獨特洞見。舉例來說，德國最受歡迎水果烈酒之一
的櫻桃酒／櫻桃白蘭地（Kirschwasser ／ Kirsch），是
以發酵的莫雷洛櫻桃（morello cherry）果肉進行蒸餾。
剛採收的成熟櫻桃飽滿多汁且糖度高，是很好的蒸餾基
底，不過蒸餾出來的烈酒卻不是預期中的甜美櫻桃風
味。櫻桃白蘭地有著乾淨且近乎酸澀的強烈果味，以及
伴著櫻桃底韻而來，因發酵過程中使用整顆櫻桃（包括
果核）所產生，類似杏仁的鮮明堅果味。

東歐傳統烈酒

　　東歐地區對以水果為原料的白蘭地需求相當龐大，其中斯利沃威茨（slivovitz）相當受歡迎，它是以大馬士革李子為原料製成的白蘭地——將果肉、果核與酵母一起發酵，再以小型壺式蒸餾器蒸餾。你也可能會在保加利亞發現類似的白蘭地——以往是由特羅央地區的修士用當地產的藍李（blue plum）進行蒸餾，偶爾也會加入藥草調味，這種甜美卻強勁的白蘭地實在太受歡迎，以至於保加利亞有專為藍李辦的慶典。節慶的焦點當然是白蘭地，許多自家製造者還會帶來他們的蒸餾器，作為烈酒展售的一部分。

薩莫塞特的蘋果酒白蘭地革命

　　從法國諾曼第及蘋果白蘭地產區越過海峽，我們來到了英國。英國西南部向來出產品質絕佳的蘋果酒，尤其是薩莫塞特郡，這裡的果園結滿上百種不同品種的蘋果，而將蘋果酒轉製為白蘭地的傳統一直持續到十七世紀後期才停止。不過有兩個頑固的傢伙——朱利安・坦波利（Julian Temperley）及提姆・史多塔（Tim Stoddart）——努力振興傳統，復耕薩莫塞特芳美的果園，再次以園中生長的蘋果製作優質的烈酒。

← 製作烈酒的技巧通常是由家族守護,代代相傳

↗ 圖中的木桶位於英國的薩莫塞特蘋果酒白蘭地酒廠。該地曾以蘋果聞名,如今則以一桶桶熟成中的蘋果酒白蘭地為人所知。

10 款必試 世界白蘭地 及生命之水

説到我們選出來的風味樣貌，你會發現它們極為多樣化。還是那句老話，要從表現如此廣泛的烈酒選出十款優秀範例真的非常困難。不過以下都是當之無愧的經典。

Somerset Cider Brandy 20 Years Old
42% | 英國

蘋果酒白蘭地最早在 1678 年出現於英國，作為這種酒的推廣者，坦波利及史多塔兩人創造出這支香氣十足的傑作，也是他們最早的作品。他們調配了無數種蘋果才完成這個配方，最後將白蘭地置於橡木桶中熟成，每年只挑一桶酒裝瓶販售。濃郁芳醇的果香帶出微微辛香調、豐富的香草，以及橡木收斂感。

Viñas de Oro Italia Pisco
41% | 秘魯

這是我們最早開始嘗試的皮斯可之一，讓我們對這種絕妙卻常被中傷的烈酒完全改觀！相較於某些味道粗澀又有強烈發酵葡萄調性的皮斯可，這支以義大利種葡萄命名的酒既有美妙的花香，又有明顯接骨木花調性，伴著爽冽的青蘋果、一絲香草，以及成熟梅子味。試著加點冰塊、通寧水和一片蘋果享用。# 玻璃杯中的夏日

Van Ryn's Distillers Reserve Brandy Aged 12 Years
38% | 南非・斯泰倫波什（Stellenbosch）

出色的葡萄酒在南非層出不窮，因此好些獨樹一格的白蘭地浮上檯面並不讓人意外，其中拔得頭籌的就是范仁斯（Van Ryn's）。這支酒混合白梢楠（Chenin Blanc）及高倫巴兩種葡萄，在銅製壺式蒸餾器裡進行蒸餾後，經過 12 年的熟成，發展出獨特的新鮮水果香氣，入喉有豐富的深色香料味及隱隱土壤味。

Korbel Calfornia Brandy Aged 12 Years
40% | 美國・加州・索諾瑪（Sonoma）

另一富於葡萄酒釀造傳統之處轉而生產白蘭地，而且驚人地成功！十九世紀後期創立的科貝爾酒莊（Korbel），在創辦人法蘭西斯・科貝爾（Francis Korbel）的帶領下開始生產白蘭地，如今已有一系列白蘭地產品。這支酒齡 12 年的產品口感意外飽滿，帶有橙皮、香草及新鮮的葡萄香氣。

González Byass Lepanto Solera Gran Reserva Pedro Ximenex Brandy
40% | 西班牙・赫雷斯（Jerez）

索雷拉（solera）是指雪莉酒的陳年手法——裝瓶前將陳年雪莉和年輕雪莉混裝在木桶裡。這支酒也採用了相同方法：陳放 12 年後，轉移至帶有豐郁辛香氣味的佩德羅希梅內斯雪莉（Pedro Ximénez sherry）桶裡，進行長達 3 年的熟成，孕育出酒中幾近天堂般的複雜度，以及木質辛香料、菸草與濃厚的果乾味。

Waqar Pisco
40% | 智利

智利和秘魯為皮斯可發源地爭論不休的同時，也都積極地向海外市場推銷各自的優質皮斯可。這款產品來自科金博地區蒙特帕特里亞附近的坎波沙諾（Camposano）製酒家族，帶著蜜思嘉葡萄蒸餾後應有的特色——強勁的果味及甜味（草莓、隱隱的柑橘皮及蜂蜜），以及持久的辛香餘韻。

Nardini Grappa Riserva
50% | 義大利

納迪尼（Nardini）家族自 1779 年就已經開始生產這種義大利國民酒。對於熟悉橡木桶陳年烈酒的人來說，「Riserva」一詞是相當有趣的標示，

畢竟這支酒是在以克羅埃西亞東部生長的樹木製成的斯拉夫橡木桶中熟成。在桶中打盹 5 年，給酒液帶來多樣果香：爽冽的青蘋果、新鮮的檸檬皮，以及馨香的油桃。入喉則有帶蜂蜜感的香料喉韻。

Capovilla Grappa di Barolo
41% | 義大利

維多利歐・卡波維拉是無庸置疑的格拉帕大師，他深切瞭解工藝烈酒的細微差別。從葡萄的收成品質、紛繁複雜的蒸餾器，甚至小到人工貼標的酒瓶，都帶有這位巨匠的印記。這支使用巴羅洛葡萄的酒十分飽滿且富有李子風味，有著微微櫻桃調性以及單寧收斂感，並以肉桂調性收尾。

Lubberhuizen & Raaff Peer Conference
42% | 荷蘭

這美妙的工藝酒廠，前身是個消防局，但生產的酒一點也不火熱！蘋果、黑加侖、李子、櫻桃和梨子的每個部分，都被用來做成生命之水，並且在裝瓶前陳放 1 年。這支梨子蒸餾酒完全符合你的想像：一縷綠色水果花香，以及入喉的土壤味，鮮明的梨子與香草風味在口中縈繞。

Okanagan Spirits Canados
40% | 加拿大

感謝一位玩樂團的加拿大朋友跟我們介紹這支酒。在名稱上玩文字遊戲的「Canados」[3]，其實就是一種蘋果白蘭地，由首席製酒師法蘭克・戴伊特（Frank Deiter）在歐肯納根的酒廠中生產製作。這支酒充滿大膽、活躍的酸味水果（配方的核心是野生蘋果〔crabapple〕），在口中留下持久的爽冽感。可以確定的是，這支酒絕對不只是仿作。

3　編注：法國的蘋果白蘭地叫作「Calvados」。

OTHER SPIRITS
其他烈酒

奇特、 美好又可暢飲

到目前為止，我們已經在烈酒世界中經歷了一趟深具啟發性的旅程，發掘了一些表現傑出的酒款，深入探究各式各樣酒類生產者背後的熱情。不過仍有一些烈酒被許多酒客忽略：或許是對它們的存在一無所知，或許是難以理解。本章的目標，是要介紹那些確實不尋常而獨特的烈酒，尤其會聚焦於東南亞。那裡可是有著許多史上銷售最佳，你卻從未聽聞的烈酒呢。

AQUAVIT 阿夸維特

一飲而盡的北歐烈酒

香氣和風味會與記憶連結是眾所周知的事實，如果你從來沒有過這種體驗，我們建議你嘗試寫一些品飲筆記，看看會有什麼樣的結果，這可是我們每天的固定作業呢！執行這個作業就像是一趟前往潛意識的旅行，當香氣從玻璃杯中溢出時，通常會激發出某個與那種香氣有關連的記憶，而這個記憶又會引出當初記下的品飲筆記。

願北歐與你同在

我們很喜歡用的某個特定品酒筆記用語，就是「星際大戰公仔」。那是一種會讓人著迷的氣味，混合了塑膠、油漆、膠水、紙箱和油墨，是當你打開一盒經典星際大戰公仔的瞬間充斥在空氣中的氣味。有些陳年烈酒，多半是波本、蘭姆及蘇格蘭威士忌，偶爾就會散發出這類氣息（至少我們的腦子是這樣解讀的），彷彿一轉眼就回到少年時期，那時只需一個塑膠科幻生物公仔，就能帶給我們那麼多的樂趣。

對烈酒探索者（就是我們啦）之一的喬艾爾來說，能讓他聯想起聖誕節家庭歡聚回憶氣息的，就是阿夸維特。無論是在英國家中重現家鄉氛圍或是隔年實地拜訪，挪威家鄉在哈里遜家族的各種節日中都扮演著重要角色，挪威國酒阿夸維特（也稱作「akevitt」或「akvavit」）總是能喚起某些兒時回憶。

啜飲一口歷史

現代阿夸維特之父據說是克里斯多福・布里克斯・翰默（Christopher Blix Hammer），一位十八世紀身材福態的挪威公務員，也是哥本哈根大學的植物學家兼藏品豐富的文學作品收藏家。翰默以著作食譜廣為人知，也為農人編寫建議手冊，包括如何正確地蒸餾，以及如何添加自己種植的藥草和辛香料。結果這些有藥草和辛香料風味的無色烈酒先被當作萬靈丹使用，隨後又當作餐後酒飲用。

如何製作

阿夸維特的製作方法與其他穀物烈酒很類似，只不過有的使用銅製壺式蒸餾器，有的則是用比較有效率的柱式蒸餾器。如今有很多阿夸維特會另外在橡木桶中熟成，以增添風味並去除酒中的粗澀感。

阿夸維特的風味

阿夸維特的風味和香氣十分獨特，以穀物（小麥或裸麥）或馬鈴薯為原料進行蒸餾，並以斯堪地納維亞當地的藥草及辛香料加味。和琴酒一樣，每個酒廠都有自己的秘方，丹麥、挪威及瑞典等國間雖有些微不同，卻都以葛縷子風味為主（就像琴酒中的杜松子），加上其他藥草及辛香料，如：小豆蔻、孜然、八角、芫荽、茴香和蒔蘿。

斯堪地那維亞的傳統是先冷藏阿夸維特，在享用海鮮或重口味肉類餐點（比如鹽漬羔羊肋排）之後作為餐後酒飲用，通常還會搭配一杯冰啤酒。然而像干邑或優質威士忌那樣品飲阿夸維特的風潮逐漸興起，尤其是那些陳年時間較長的阿夸維特，例如在老雪莉桶中熟成 12 年的「Gilde Non Plus Ultra」。

願北歐與你同在。來瓶阿夸維特吧！

BAIJIU 白酒

中國式舉杯——乾杯！

我們還沒介紹到的地區，就是中國這新興市場。

作為烈酒商業研究案例而言，中國相當引人入勝。由於早前中國並未開放許多國外商品進口，進軍中國對優質蘇格蘭威士忌、干邑及其他深色烈酒大廠或經銷商而言，意味著龐大的商機。他們成功地將自家的烈酒商品塑造出頂級形象，從這個有著巨大商機的市場獲得可觀利潤。

我們最近訪問了某高檔烈酒公司的業務，對方表示，若中國市場需求量在未來兩年上升超過 3%，他們將會無法供貨給原有的西方市場，甚至連原產地也買不到！英法兩地出現單一麥芽蘇格蘭威士忌價格飆升的一大主因，就是因為中國市場的廣大需求。

有鹹香風味的白酒
在中國是很受歡迎
的搭餐酒。

中國其實也有土生土長的烈酒——白酒。它是以多種穀物為原料在地窖或陶缸中進行發酵,像是小麥、大麥和高粱,偶爾也用米和豆類。

白酒的製作

白酒通常都是以柱式蒸餾器進行蒸餾,不過也有一些酒廠採用木製壁身,以蒸汽加熱的傳統中式蒸餾器。蒸餾出的酒液接著會被放入陶罈中陳年,這些陶罈就像木桶一樣擁有氣孔,讓烈酒得以呼吸及熟成,也因此酒廠能推出不同酒齡的產品,與搶手的進口烈酒競爭,使稀有、收藏酒款組成的次要市場競爭白熱化。

白酒可以分為五個主要類型:濃香型、清香型、醬香型(經過長時間的發酵)、米香型和兼香型(中國北方混合多種風味的白酒)。其中受到高度重視的品牌,就是有著強烈甜醬香氣的茅台了。

白酒需求量之大,擁有酩悅香檳及格蘭傑(Glenmorangie)與雅柏(Ardbeg)等頂級蘇格蘭單一麥芽威士忌的酩悅軒尼詩-路易威登集團(Louis Vuitton Moët Hennessy, LVMH),買下了文君酒的多數股份。另一例是擁有約翰走路和思美洛的世界飲品龍頭公司帝亞吉歐(Diageo),它擁有另一大白酒品牌全興的 51% 股權。

白酒的味道

你一定要親自嘗過才能了解白酒的風味——藥草、些微果香,偶爾還有藥水及長期發酵的水果／乾草味。白酒還有一種獨特的醬油感,使它擁有一股非比尋常的鹹香風味,對西方人的味覺來說不是很容易接受,但卻深深吸引著中國的消費者。

SHŌCHŪ 燒酎

日本的代表性烈酒

別弄錯了，它不是較為人所熟知的日本酒（sake）！燒酎在日本相當受歡迎，不過不像廣受國際推崇的日本威士忌，這款無色烈酒還沒有將足跡延伸到日本以外。

燒酎的製作

　　燒酎的蒸餾原料通常是大麥、米、蕎麥或番薯，以蒸餾方法分為兩種類型：連續式蒸餾及單式蒸餾。

　　連續式蒸餾燒酎由於一般以糖蜜、酒粕為蒸餾原料，且裝瓶販售的酒精度要低於36％，因此較為順口，也最具經濟效益。單式蒸餾燒酎比較符合我們所知的烈酒形象：裝瓶後的酒精度必須等於或低於45％，且要以壺式蒸餾器蒸餾。雖然這種燒酎可以進行熟成，但一般都未經陳年直接裝瓶，可加冰、加水或直接飲用。[1]

> ↑燒酒的類型五花八門，每一款都有其獨到的風味，不過都是搭餐的好選擇。

燒酎的味道

　　儘管燒酎製造商急切地想與日本酒劃清關係（燒酎在日本的銷量已經超過日本酒），兩者風味確有類似之處：入喉有乾燥花的甜味、些許海藻般的海潮氣息及隨之而來的發酵果香。飲者若能沉浸於日本文化，就會發現燒酎是一款容易入喉的烈酒。

---

[1]　審注：當代燒酎飲用法相當多樣，與氣泡水、果汁等調配成 highball 的作法也十分常見。

SOJU 燒酒

全球最受歡迎的烈酒

別誤會,我們可沒醉⋯⋯關於烈酒,我們在整本書中說
了很多聽來古怪的話,上面的副標大概是其中之最,不
過我們保證它百分之百是真的。是的,韓國燒酒是全世
界消耗量最高的烈酒。令人不敢置信的是,根據知名業
界刊物《全球飲品》(*Drinks Internatinal*)最近的報導,
最受歡迎的韓國燒酒品牌「真露」(Jinro)在 2012 年銷
售了六千五百萬箱(相當於超過五億公升的烈酒),大
幅領先其他競爭對手。簡直就像是爆炸多的異國版馬丁
尼,不是嗎?

一般人真的沒什麼機會能夠喝到燒酒，除非你住在南韓，或是曾經前往南韓，因為絕大多數燒酒都是在韓國國內消費，只有少量銷往海外。由於燒酒的酒精濃度相對較低，尤其是某種酒精度在 20％至 25％左右的稀釋型燒酒，巧妙地避開了美國對烈酒徵收的高額稅金，因此得以很快進駐美國市場。這種燒酒通常是加冰塊喝，也可以跟可樂和通寧水調配，或是以可以立即飲用的預調罐裝形式販售。燒酒在韓國常用來搭配啤酒飲用，以增加啤酒的勁道。

燒酒的製作

現今大多數的燒酒都是以稻米作為蒸餾原料，不但無色，也未經陳年，然而，過去當韓國人遭遇無法想像的米荒時，曾經使用馬鈴薯及樹薯這種比較便宜的替代原料。

燒酒的味道

燒酒的味道類似酒精度較低的伏特加，也就是說沒有什麼風味，除了舌頭上會有隱約的酒精刺激感，入喉後可能帶上些許發酵白葡萄酒調性。年輕消費者在乎的，通常是飲品最終呈現的味道而非背後的產製過程，而燒酒可以幫現榨果汁或任何軟性飲料增添風味這點，對這群消費者來說是很難抗拒的。

↓ 就像味道中性的伏特加一樣，燒酒很適合用來混調，可以當成許多飲品的基酒，也可以冰鎮後直接飲用。

FENI 芬尼酒

果亞的靈性體驗

想開啟靈性有很多方法，不過在印度的果亞（Goa）[2]，開啟靈性跟芬尼酒（或作「fenny」）密不可分！果亞位於印度西部濱海地區，芬尼酒是當地最受歡迎的飲品。芬尼酒之所以能吸引遊人前往果亞，主要是因為它在果亞以外地區極為罕見，不過已知的芬尼酒廠就有六千家，生產著類型和數量不一的芬尼酒。

→ 芬尼酒主要是由腰果蘋果製成，在果亞地區極為受歡迎。

芬尼酒的製作

芬尼酒是將腰果蘋果（別跟又小又硬的腰果搞混了）發酵、蒸餾而成。由於味道獨特，果亞的製造商已經成功地讓這種烈酒受到產地標示保護，就和特基拉與薩莫塞特蘋果酒白蘭地一樣，是特定國家才能生產的烈酒。

由於大部分芬尼酒製造者本質上十分質樸，製酒技術一直維持原貌。成熟的腰果蘋果先用腳踩破，再以重物壓榨出甜美的果汁，接著自然發酵 3 到 4 天，才以銅製壺式蒸餾器三次蒸餾到酒精度 45% 左右。果亞北部有約四千家小型蒸餾廠生產腰果蘋果芬尼酒，還有至少二千家酒廠則是生產另一種椰子芬尼酒，使用的是生長在果亞海岸線的椰子樹樹液。

近來芬尼酒的發展開始有所改變，某些較大品牌打算仿效特基拉及梅茲卡爾的作法，推出頂級芬尼酒來吸引行家。這麼做的困難點在於，芬尼酒在果亞以外地區流通量有限，因為它被歸類為農村酒，也就是除了西部沿海某些城市，印度其他地方是禁止販售的，而透過經銷商輸出到西方國家的，也只有一兩個品牌。

芬尼酒的味道

芬尼酒相當甜美，但第一次嘗試的人可能還是需要時間才能習慣稍顯單薄而具酒精感的基調，以及強勁爽冽幾乎像現切青蘋果的調性及獨特堅果感。如果你有緣得到一瓶芬尼酒（建議你以「研究」名義去一趟果亞），要小心那些不太正經的產品，可能會有些不太美味的驚奇及可疑添加物。在我們看來，芬尼酒很適合當作加冰長飲的主要材料，或是幫其他飲品調味，甚至是和其他烈酒或果汁混調成雞尾酒。

5 款必試
特殊烈酒

蒸餾沒有國界，也不知道哪裡才是家鄉。只要你願意，在任何地方都能生產生命之水。世界上許多國家都在應用且改良蒸餾的技術，因此我們就來看看世界各地（從北歐到南韓）某些比較特殊的風味！畢竟烈酒是一個名副其實全球化的領域。

Lysholm Linie Aquavit
41.5%｜挪威

在挪威，橡木桶熟成阿夸維特的歷史，據說要追溯到 1805 年一艘開往西印度的商船。當這艘船在兩年後返航，隨船回航的酒桶貨主在打開木桶時，意外發現酒在航程中發生了驚人的熟成效果！由於忘不了這種風味十足的熟成阿夸維特，喬治·李斯洪（Jorgen B. Lysholm）在 1821 年建立他的第一座蒸餾廠，並且推出「Lysholm Linie Aquavit」。特地船運到南美洲再運回，藉此促進熟成的這款酒是以馬鈴薯為原料，並以葛縷子、蒔蘿、茴芹、茴香和芫荽調味，在歐羅洛梭雪莉（oloroso sherry）桶中陳年，以取得淡雅的香草甜調。接著這些酒桶會被放在甲板上，在海上航行 4 個半月，兩次越過赤道，承受溫度、濕度及其他條件的變異，行船時的晃動也有助於熟成。據稱，酒廠隨時有超過一千個這樣的酒桶在海上熟成！

Jinro Soju 25
25%｜南韓

作為暢銷全球的烈酒品牌，真露燒酒也許在銷量上是頭咆哮的猛虎，然而它相對較低的酒精度給味蕾的刺激不大，入喉就像隻打呼嚕的小貓。真露燒酒不摻雜其他東西，帶有爽冽的清新感及些微發酵穀物氣味，以及十分乾爽的尾韻，大概不會是深色烈酒愛好者會喜歡的口味。不過，換個場景——加上一些蘇打水、新鮮檸檬或香甜酒（cordial），就能用它調成一杯超棒的冰涼長飲，讓你有個美好的炎炎夏日。

Shui Jing Fang Wellbay Baijiu
52%｜中國

水井坊（Shui Jing Fang）已有超過六百年的歷史，是金氏世界紀錄中世界上最古老的蒸餾廠，1998 年考古所挖掘出的乾燥室、發酵窖、火爐、木樁和蒸餾器底座，都被完整保留下來。這款烈酒相當值得一試，可以讓人揣摩當蒸餾概念尚未傳到世界其他角落，讓我們最終製出琴酒、威士忌、白蘭地和其他醉人烈酒之前，蒸餾烈酒的可能樣貌。這支酒附帶一個六角形的玻璃基座，六面分別燒製了酒廠所在地成都的六個歷史地標。

Kazkar Feni
40%｜印度·果亞

這款酒真的很難找，因為果亞地區以外很少有芬尼酒的經銷商。我們是在倫敦一家餐廳品嘗美味的果亞慢烤羊腿料理「Chini Raan」時，才有機會喝到一兩杯，否則只能搭上飛機親自到當地一嘗究竟！若你真這麼做，就要有心理準備：這支酒帶著強勁的發酵蘋果和榛果氣息，以及酒精底韻，但它大概還不是你接觸過最質樸的芬尼酒。它在果亞以外世界的未來發展，可能有賴於調酒，例如用來當作莫希多的基酒，只要加上一點蘋果汁和氣泡水，就能感受到芬尼酒的潛力。

Iichiko Frasco Shochu
30%｜日本

這款頂級燒酎僅以大麥為原料，具備所有完美生產程序要素，擁有絕妙風味。雖然僅經過單次蒸餾，但日本人巧妙地結合了減壓／常壓兩種蒸餾方式，最終得出酒精度約 45% 的酒液，接著再以天然泉水稀釋，使口感不可思議地滑順，其穩定品質獲得世界各大獎項肯定，也極受日本消費者青睞。

COCKTAIL BITTERS
雞尾酒苦精

烈酒世界的調味料

每間酒吧架上都能看到一群不同形狀且有著醒目標籤的神秘小瓶，有的甚至還附有酷似科學器材的滴管，顯然是用來少量吸取內容物。究竟這些小東西是何方神聖？

對調酒師而言，雞尾酒苦精是不可或缺的！如果沒有這些小玩意兒，調酒師將難以完成許多一百五十年來膾炙人口的經典雞尾酒。雞尾酒苦精之於調酒師，猶如鹽和胡椒之於廚師——它能幫助形塑、界定及凸顯飲品中的風味，融會酒味、甜味和辛辣味三者，並取得飲品應有的平衡。

苦精的故事

每個小小的苦精瓶中,皆蘊藏著極具爆發力和衝擊性的風味及香氣。現在市面上的苦精,大多是百年歷史配方的現代版。苦精是將有香氣的藥草、辛香料、根莖植物和樹皮的混合物,浸漬在高強度烈酒中,來獲取草本植物的風味特質。

安格仕苦精堪稱是世界上最知名的苦精,它的瓶身上有著明顯不合身的標籤(原本應該是印刷錯誤,卻反被當成傳統保留下來),其配方歷史可回溯至 1830 年左右,被當時的委內瑞拉軍隊當作萬靈丹。用苦味藥草、樹皮、辛香料,以及其他被認為對常見疾病有療效的原料一起浸漬的苦精,是配水作為酊劑服用的,對很多醫生而言,它們就相當於舊時代的流感疫苗。

崛起、衰敗、復活

苦精在十九世紀大為普及,許多品牌都打著保健飲品及滋養良方的旗幟,美國尤其風行。這些誇大的療效宣稱很難證明是否屬實,直到 1906 年通過「純淨食品和藥物法案」,才遏止廠商繼續這種印度神油式的廣告行銷手法。大眾彷彿在一夕之間對苦精失去了信心,少數倖存下來的品牌(如安格仕苦精)因此占盡競爭優勢直到今日。

一直到九〇年代,苦精都還是雞尾酒成分中備受誤解又不討喜的一員,然而多虧了少數熱愛重現過往舊時酒譜風味(不包括某些更可疑、弊多於利的素材)的調酒領航者,苦精得以重新返回吧檯。

雞尾酒苦精近來大有復興之勢。調酒師會用單方苦精(如丁香、肉桂、櫻桃、苦艾草〔bitter wormwood〕、小豆蔻、茴芹等)來增強雞尾酒某方面的風味,只要幾滴特定風味即可。用比較容易懂的比喻來說,苦精就像調酒世界的《全能住宅改造王》,特定飲品就是得用這些風味強烈的小瓶量身打造。沒錯,它們小歸小,卻續航力十足。

↑ 它們個頭雖小,卻充滿爆炸性及刺激性的香氣與風味。

如何自製苦精

說實話，當代苦精配方大多十分出色，都在具有收斂感的苦味之上，添加了獨特的香料或是草本元素。然而，製作屬於自己的苦精卻也沒有你想像的那麼複雜，只要給自己多一點時間，發揮創意，思量一下自己想要的風味究竟是什麼樣子。

1.

瞭解植物性質

有些天然藥草和辛香料看似無害，但若沒有經過適當處理，是會產生毒素的。首先，建議各位前往「herbsociety.org.uk」或美國草藥學會的網站「herbalgram.org」查詢，它們都有提供應該避開的詳盡藥草清單及安全準則，總不能在一口都沒喝到前就先讓自己中毒吧！如果對某個成分有疑慮，就不要使用，像紅豆杉的果實就含有劇毒。

幾乎每種苦精配方都含有苦味劑（通常是龍膽草、歐白芷或苦艾），它們本身嘗起來只讓人噁心，但與其他風味結合時，就能作為重要的風味基礎。

2.

創作自己的草本配方

盡可能多準備幾個乾淨的廣口瓶。每種乾燥草本植物都準備 5 克左右。給新手一個建議，盡量不要自我設限。你可以參考右頁上方的建議植物清單，裡頭有相當多的味道供你搭配，不過你也可試著找找自家廚房的櫃子，看看有哪些現成材料，也許會激發出什麼靈感也說不定。

製作苦精的精選植物

龍膽草或歐白芷根
強烈的苦味

綠色小豆蔻莢
美好的香氣及些許薄荷感

八角
乾茴芹味

肉桂皮
濃郁的木質／土壤調

丁香
辛香、辣味及土壤味

檸檬皮乾
強烈的柑橘皮味

黑胡椒粒
帶來辣度與深色香料感

香草莢
奶油焦糖調及隱約苦味

果乾（葡萄乾＋棗子）
飽滿富層次的甜味

咖啡
土壤及烘烤氣息

芫荽籽
溫暖且芳香的辛香調

※ 想要非比尋常的味道，不妨試試有著強勁單寧煙燻味的正山小種紅茶。

3.

進行浸漬

　　最適合用來進行萃取的烈酒，就是不會影響植物風味的高強度伏特加！每 100 毫升伏特加添加 5 克草本植物即可，讓伏特加蓋過草本植物後靜置一段時間。伏特加強度愈高，萃取物愈精純。有些植物需要的浸泡時間很短，有些則需要較長的時間，經驗法則教我們要定期檢視，大約兩個星期就可以得到想要的成果了。較薄的草本植物比較容易萃出風味，質地較硬的木本植物就要花比較長的時間了。

　　你也可以用高強度的蘭姆酒或威士忌來試驗看看，使苦精擁有額外的風味。用高濃度的深色蘭姆酒來浸泡香草和肉桂，是再好不過的了。

4.

建構苦精配方

　　終於來到有趣的部分了！用咖啡濾紙過濾浸泡液，然後分別為每一種萃取物規劃搭配。一開始先以苦味（歐白芷或龍膽）作基底，然後加點帶土壤味（肉桂）的，接著再用其他味道為苦精錦上添花。別忘了，一點分量就會有很大的效果！比如小豆蔻的風味就十分霸道，所以要特別注意這個綠色小鬼頭。

　　請以製作大約 50 毫升的配方為目標，準備幾個有滴管或滴嘴的小瓶子（多數化工行均有販售）。若是想要用更引人注目的方式炫耀自己做的苦精，可以上「urbanbar. com」購買迷你苦精瓶。它們是貴了點，不過實在很酷！

啤酒花苦精

—

Distilled Hop Bitters

當我們在本地發現一叢野生啤酒花，就覺得應該來製作一些啤酒花苦精，配方改編自一本 1870 年代的醫學期刊。啤酒花本身的苦味相當適合作為雞尾酒苦精的基底，它的獨特花香調跟琴酒搭配時特別迷人。

材料

5g 或 1 茶匙的桂皮

10g 或 2 茶匙的乾檸檬皮

10g 或 2 茶匙的乾橙皮

5g 或 1 茶匙的小豆蔻

5g 或 1 茶匙的丁香

15g 或 1 湯匙的新鮮啤酒花

作法

要製作 50 毫升的啤酒花苦精，你需要用左列的植物來浸漬。這個配方以皮油調性為基底，平衡地調和了啤酒花的苦味、桂皮的木質調、丁香的溫熱和辛香，以及小豆蔻的藥劑／薄荷醇調。

來杯下午茶馬丁尼！

材料

50ml 的琴酒

5ml 或 1 茶匙的伯爵茶糖漿

用來沖洗杯子的啤酒花苦精幾注

作法

你可以試著這麼做：用幾注啤酒花苦精沖刷馬丁尼杯壁。將琴酒和伯爵茶糖漿倒入裝有冰塊的攪拌杯裡均勻調和後，再注入馬丁尼杯即可！乾杯吧～

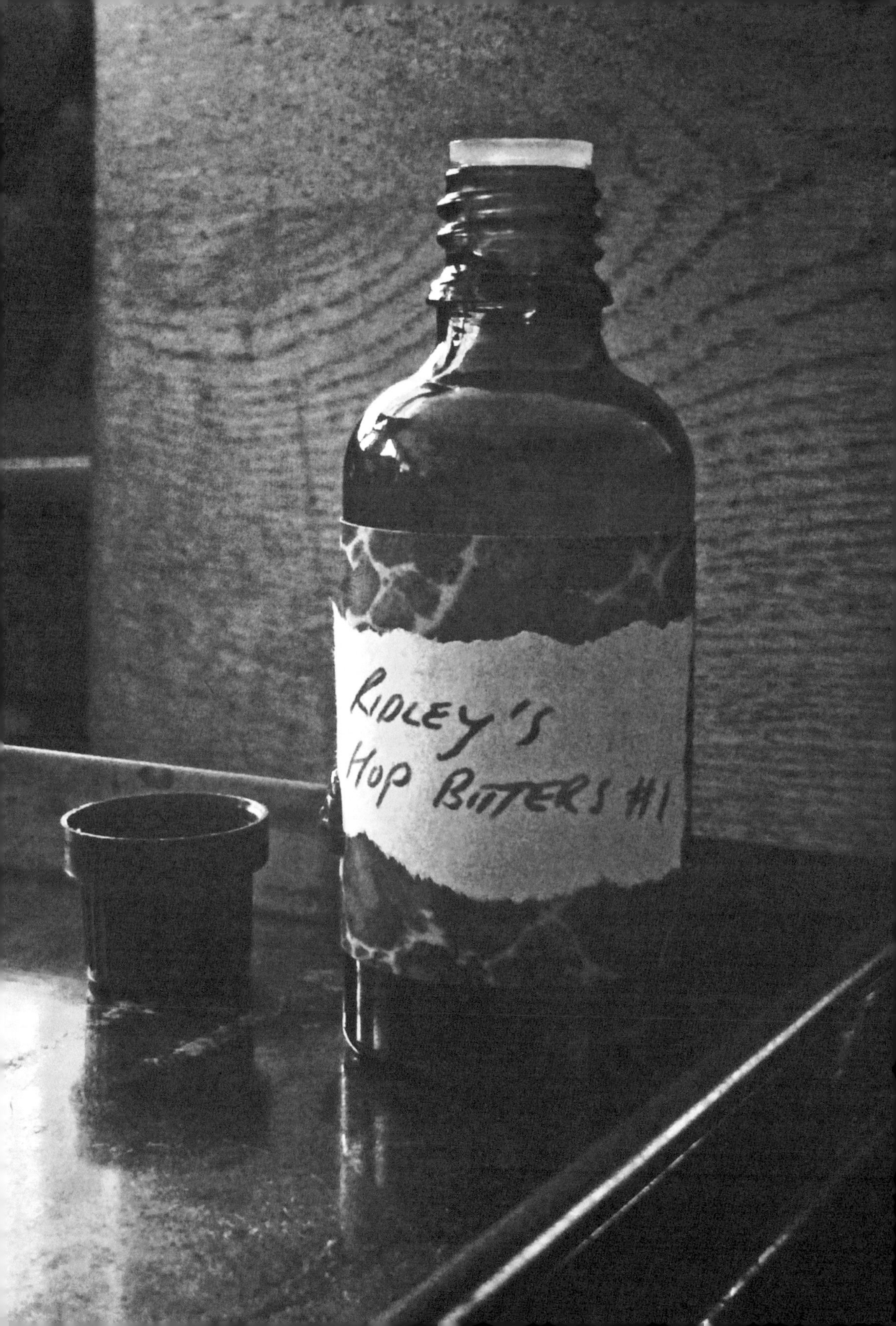
RIDLEY'S
HOP BITTERS #1

製酒的  個關鍵字

無論位於何處,生產什麼酒,為了確保作業順利,每一家酒廠都有銘記於心的關鍵字。在這裡跟大家介紹的,是最重要的 21 個。

ABV │ 酒精濃度

「Alcohol By Volume」的縮寫,以百分數表示瓶中物的酒精占比。

Alcohol │ 酒精

這個字的意思相當直白。世界沒有酒精就會沉悶無趣,不是嗎?不過,讓我們正經一會兒:每種烈酒都含有幾種不同型態的酒精,像是乙醇(好傢伙)、甲醇(壞東西)和雜醇油(醜八怪)。製酒師的主要工作就是,讓蒸餾液中的好酒精量最大化(移除甲醇和雜醇油),作為他們所要創造的特定風味樣貌的背景。

Condenser │ 冷凝器

一種能將蒸餾過後的高溫酒精蒸汽冷凝回液態的重要設備,通常是跟蒸餾器組合運作。

Consistency │ 一致性

有兩種解釋:大部分的製酒師都希望每一瓶酒都維持一致的風味樣貌,然而也有製酒師就愛小批次生產導致的變化,每一批次產品的風味都略有不同。

Cut Point │ 酒心收集點

製酒師必須要開始收集所想要的烈酒風味「精華」的關鍵時刻。

Distillate │ 蒸餾液

每位製酒師視為生命的液體黃金(諷刺的是,它其實是完全透明的),能有的風味數以千計,每一種都擁有自己的烈酒基因,也是製作者的自述。

Duty │ 稅

必要之惡。每種烈酒都會被徵收相當高的稅,除非是「游擊蒸餾廠」的烈酒,噓……

Esters │ 酯類

這是組成烈酒香氣的成分,來自蒸餾過程中(主要產生於發酵、熟成階段)取得的化合物,是許多烈酒(從威士忌到白蘭地)的芳香水果調來源。

Ethanol｜乙醇

這是烈酒中主要的酒精類型，可以安全地被人體攝入。它是所有烈酒的核心、故事中的英雄（參見 Methanol｜甲醇）。

Fermentation｜發酵

發酵是非常重要的生化反應。酵母將穀物、糖蜜或葡萄糊裡的天然糖分吃掉後，轉化成酒精，接著才能進行蒸餾。

Fusel Oils｜雜醇油

這是不討喜的酒精。高濃度的雜醇油對人體有害，少量則可能會讓人宿醉。製酒師的手藝，就是在雜醇油大量出現於蒸餾尾段（參見 Cut Point｜酒心收集點）時，控制蒸餾液中雜醇油的含量。含量正確的話，它們其實可以是有用的。

Heads｜酒頭

一套壺式蒸餾器中產出的第一道酒（又稱初段酒〔fore-shots〕）。此時酒液混雜了輕重不一的化合物，酒廠會將它們跟品質好的酒心分開，以便再次蒸餾前者。

License｜執照

大部分的威士忌酒標上都有「成立」（Established）一詞，後面會跟著一個日期。若用「被抓到」來替換，意思也差不多。所有合法酒廠都需要執照才能蒸餾生產，這也算是一種保證，證明這些產品不會喝死人（希望囉！）。

Methanol｜甲醇

每個英雄故事裡頭都有一個反派，不過酒廠可不想要在他們的烈酒裡，有太多這種壞蛋酒精存在。大量攝取甲醇會導致失明，嚴重一點甚至會致命。

Proof｜標準酒度

一種表示烈酒酒精度的方式。從前酒廠會將烈酒與火藥混合來「證明」酒的強度，能點燃的烈酒才會被認可酒度至少已達 100，差不多是現在的 57.1% 酒精濃度。不過令人困惑的是，美國的標準酒度是現行酒精濃度的兩倍，也就是說 100 Proof 等於 50% ABV。

Reflux｜回流

烈酒在蒸餾器中沸騰時，比重較重（也是我們想去除）的化合物在蒸餾器內部無法上升到高處，而是會流下來重新被蒸餾。也就是說，回流有助於烈酒的純化。

Still｜蒸餾器

這是每個蒸餾廠的核心。銅製壺式蒸餾器全世界都有，用來生產像是威士忌、白蘭地、特基拉和許多其他烈酒。柱式蒸餾器比較高，也更有效率，能夠在較短的時間內製作大量烈酒，它常被用來製作伏特加、穀物威士忌和蘭姆酒。

Tails｜酒尾

指最後一部分被蒸餾出的烈酒（亦稱「偽酒」〔feints〕），含有比重較重沒人想要的化合物。製酒師將酒尾分離出來後，會將它與酒頭混合再次蒸餾，以便持續萃取烈酒中所有可用風味。

Temperature｜溫度

假設沒有控制好溫度，就不可能進行發酵，蒸餾器也無法正確運作；蒸餾廠絕對有理由買個好一點的溫度計。

Yeast｜酵母

生產烈酒的「三位一體」除了水和糖分（來源有發芽的大麥／穀物／糖蜜／葡萄等），就是酵母，烈酒成品中諸多風味都是拜酵母所賜。

Yield｜產量

所有酒廠都必須要考慮到一件事：如何從持有的原物料獲得最大量的酒精。舉例來說，特基拉酒廠能從 7 公斤的藍色龍舌蘭，產出 1 公升的優質烈酒；麥芽威士忌酒廠通常可從 1 公噸的大麥麥芽，產出至少 410 公升的純酒精。

圖片版權標示

除了下列照片，其於皆由安德魯·蒙哥馬利（Andrew Montgomery）攝影：

©1724 Tonic Water 43 above left. Alamy age footstock 36; ©age fotostock/J.D. Dallet 165, 167; ©age fotostock/José Enrique Molina 75; ©Ian Blyth 108; ©Bon Appetit/Susanna Blavarg 190; ©Bon Appetit/Herbert Lehmann 171; ©Victor Paul Borg 203; ©Don Couch 71; ©Carl Court 204; ©dk 201; ©dpa picture alliance archive 95; ©Food Centrale Hamburg GmbH/Gauditz 188; ©Simon Grosset 31; ©Hemis/Bertrand Rieger 130; ©Hemis/Jean-Daniel Sudres 113; ©Mary Evans Picture Library 34; ©John McKenna 126; ©NiKreative 134; ©Travel Pictures 107. ©Balcones Distilling 138, 139. ©Capovilla Studio04 191. ©Cazulo Edric George Photography 208, 209. ©Chichibu Distillery 142, 143. ©Corbis Found Image Press 192; ©Janet Jarman 73; ©Floris Leeuwenberg 37; ©Danny Lehman 68; ©Hemis/Tuul 115; ©Kipa/David Lefranc 129; ©Reuters/Mariana Bazo 182; ©Lisa Romerein 80; ©Swim Ink 2, LLC 166; ©Bo Zaunders 200. ©Corsair Distillery 18. ©Crystal Head Vodka 62, 63. ©Darroze Armagnacs 168, 169. ©Del Maguey 76, 77. ©Duggan McDonnell 185. ©Fentimans 43 above right. ©Fever-Tree Limited 43 below left. ©Getty Images Eitan Abramovich/AFP 184; ©Mary Ann Anderson/MCT via Getty Images 157; ©Lee Avison 81; ©John Burke 132; ©Yvette Cardozo 72; ©Nelson Ching/Bloomberg via Getty Images 198; ©Per Eriksson 153; ©Boryana Katsarova/AFP 194 left; ©Jeff Kauck 101; ©Seokyong Lee/Bloomberg via Getty Images 207; ©Christopher Leggett 93; ©Lonely Planet Images 94; ©Felix Man 100; ©Jeff J Mitchell 141; ©Pankaj Nangia/Bloomberg via Getty Images 136; ©Popperfoto 110; ©Balint Porneczi/Bloomberg via Getty Images 97; ©Chris Ratcliffe/Bloomberg via Getty Images 51; ©Heriberto Rodriguez/MCT/MCT via Getty Images 79; ©David Sanger 22; ©SSPL via Getty Images 90, 92; ©Alasdair Thomson 44 below; ©Tohoku Color Agency 205; ©Universal Images Group 38; ©Angela Weiss 57. ©Hine Vintage Cognacs/Thomas Hine & Co. 162, 163. ©Mary Evans Picture Library Retrograph Collection 159. ©Medine Limited 120, 121. ©Overland Distillery 98, 99. ©Rex Features Julien Chatelin 154. ©Sacred Spirits Co. 46, 47. ©Shutterstock csp 70; ©Rob van Esch 44 above; gashgeron 54; ©IgorGolovniov 17; ©Steve Lovegrove 55. ©Sipsmith Independent Spirits 35, 39. ©Somerset Cider Brandy 194 right, 195. ©SuperStock Tips Images 181. ©Thinkstock iStock Editorial/Paul Brighton 206; ©iStock/Gutzemberg 96; ©iStock/Jaime Pharr 21, 128. ©Thomas Henry 42, 43 below right. ©Vestal Vodka 56.

致謝

Cheers、Skål、Sláinte、Salut、Kampai、Prost、Cin Cin、Sei Gesund、乾杯……

兩位作者想要特別感謝下列的「烈酒探險家」付出時間、耐心和超凡的喝酒能力（排序不分先後）：

維克・格里爾（Vic Grier）、卡洛琳和路易・雷德利（Caroline & Lois Ridley）、希瑟和史都華・賀瑞森（Sissel & Stuart Harrison）、丹尼斯・貝茲（Denise Bates）、強納森・克里斯提（Jonathan Christie）、歐特帕斯出版社（Octopus Publishing）的里安・布萊恩（Leanne Bryan）及團隊、安德魯・蒙哥馬利、格林和席騰經紀公司（Greene & Heaton）的克勞蒂亞・楊（Claudia Young）、尼克・摩根博士（Dr. Nick Morgan）、佩特・羅伯（Pat Roberts）、肯・格里爾（Ken Grier）、艾德・貝茲（Ed Bates）、亞曼達・格漢（Amanda Garnham）、隆・庫柏、瑪欣・米勒（Marcin Miller）、歐利・瑋琳（Olly Wehring）、班・艾勒森（Ben Ellefsen）、卡特・史賓瑟（Cat Spencer）、麥芽大師（Master of Malt）的小夥子和小姑娘們、蘇克亨德・辛（Sukhinder Singh）、亞歷克斯・赫斯金森（Alex Huskinson）、特色飲品（Speciality Drinks）的當肯・羅斯（Duncan Ross）及團隊、提姆・佛比斯（Tim Forbes）、戴夫・布倫（Dave Broom）、派翠沙・潘奈爾（Patricia Parnell）、卡拉・席佛（Carla Sever）、格瑞葡萄酒與烈酒（Gerry's Wines & Spirits）、艾利斯・拉賽兒（Alice Lascelles）、大衛・聶森・梅瑟（David Nathan Maiser）、大衛・提・史密斯（David T. Smith）、比爾・歐文（Bill Owens）、克萊・雷森（Clay Risen）、泰德・迪溫（Ted Dwane）、迪斯曼・潘（Desmond Payne）、吉姆・隆（Jim Long）、萊恩・切提亞瓦達那（Ryan Chetiyawardana）、卡西達酒吧的威爾和奧斯卡（Will & Oskar）、丹・普萊斯曼（Dan Priseman）及挪拉酒吧的團隊、達林・瓊斯（Darin Jones）、傑洛米・史迪芬（Jeremy Stephens）、傑洛米・格拉（Jeremy Gara）、提姆・萊德利（Tim Ridley）、尼爾・艾德華（Neil Edwards）、克里斯・佩波（Chris Papple）、羅伯・艾倫森（Rob Allanson）、班恩哈德・雪佛（Bernhard Schäfer）、托勒・威斯尼斯（Tor Visnes）、哈威爾・列治（Halvor Heuch），以及國際葡萄酒暨烈酒大賽（IWSC）團隊。

怎麼樣，想來一杯了嗎？

世界烈酒入門（暢銷紀念版）

原書名　　　DISTILLED: FROM ABSINTHE & BRANDY TO VODKA & WHISKY, THE WORLD'S FINEST
　　　　　　SPIRITS UNEARTHED, EXPLAINED & ENJOYED

作者　　　　喬艾爾·哈里遜（Joel Harrison）
　　　　　　尼爾·雷德利（Neil Ridley）
譯者　　　　味道筆記本
專業審訂　　鍾偉凱
校對　　　　陳錦輝

總編輯　　　王秀婷
責任編輯　　向艷宇、梁容禎
行銷業務　　黃明雪
版權　　　　徐昉驊

發行人　　　涂玉雲
出版　　　　積木文化
　　　　　　104 台北市民生東路二段 141 號 5 樓
　　　　　　電話：(02) 2500-7696 ｜ 傳真：(02) 2500-1953
　　　　　　讀者服務信箱：service_cube@hmg.com.tw
發行　　　　英屬蓋曼群島商家庭傳媒股份有限公司城邦分公司
　　　　　　台北市民生東路二段 141 號 11 樓
　　　　　　讀者服務專線：(02) 25007718-9 ｜ 24 小時傳真專線：(02) 25001990-1
　　　　　　服務時間：週一至週五 09:30-12:00、13:30-17:00
　　　　　　郵撥：19863813 ｜ 戶名：書蟲股份有限公司
　　　　　　網站：城邦讀書花園｜網址：www.cite.com.tw
香港發行所　城邦（香港）出版集團有限公司
　　　　　　香港灣仔駱克道 193 號東超商業中心 1 樓
　　　　　　電話：+852-25086231 ｜ 傳真：+852-25789337
　　　　　　電子信箱：hkcite@biznetvigator.com
馬新發行所　城邦（馬新）出版集團 Cite (M) Sdn Bhd
　　　　　　41, Jalan Radin Anum, Bandar Baru Sri Petaling,
　　　　　　57000 Kuala Lumpur, Malaysia.
　　　　　　電話：(603) 90578822 ｜ 傳真：(603) 90576622
　　　　　　電子信箱：cite@cite.com.my

完稿排版　　葉若蒂（封面）、薛美惠（內頁）
製版印刷　　中原造像股份有限公司

【原文書工作人員】
SENIOR EDITOR Leanne Bryan ｜ COPY EDITOR Jo Richardson ｜ PROOFREADER Jamie Ambrose ｜ INDEXER Cathy Heath ｜ ART DIRECTOR Jonathan Christie ｜ SPECIAL PHOTOGRAPHY Andrew Montgomery ｜ PICTURE RESEARCH MANAGER Giulia Hetherington ｜ PICTURE RESEARCHER Jen Veall ｜ PRODUCTION CONTROLLER Allison Gonsalves

國家圖書館出版品預行編目（CIP）資料

世界烈酒入門 / 喬艾爾.哈里遜 (Joel Harrison), 尼爾.雷德利 (Neil Ridley) 著；味道筆記本譯 .-- 二版 .-- 臺北市：積木文化出版：英屬蓋曼群島商家庭傳媒股份有限公司城邦分公司發行 , 2021.12
　　面；　公分
譯自：Distilled : from absinthe & brandy to vodka & whisky, the world's finest spirits unearthed, explained & enjoyed
ISBN 978-986-459-376-7(平裝)
1. 蒸餾酒

463.83　　　　　　　　　　　　110018889

【印刷版】
ISBN　978-986-459-376-7
2017 年 12 月初版一刷
2023 年 2 月二版二刷
售價／ 600 元

【電子版】
ISBN　978-986-459-377-4（EPUB）
2021 年 12 月二版

First published in Great Britain in 2014 by Mitchell Beazley, an imprint of Octopus Publishing Group Limited, Carmelite House, 50 Victoria Embankment, London EC4Y 0DZ
An Hachette UK Company